天下龍文 青少年百科系列丛书●自然科学文库

QINGSHAONIAN BAIKE XILIE CONGSHU ● ZIRAN KAXUE WENKU

编写◎王牧

青少年植物百科

Qingshaonian Zhiwu Baike

自然造化，
让植物们如此繁盛地生长着。
它们肩并肩组成了茂密的森林，
它们手拉手铺展成了广阔的草原……
即使是干旱少雨的沙漠，
即使是汪洋一片的海洋，
它们都奇迹般地生长着、繁育着，
把世界塑造得如此多姿多彩。

航空工业出版社
北京

内容提要

本书将自然界的万千种植物分成藻类、苔藓、蕨类、裸子、被子五大门类，并系统地介绍了这五门植物各自的生活习性、外形特征以及这五门植物在植物界中的进化程度，以此让读者从进化的角度来认识植物界，同时让读者了解到植物界的发展是一个从简单到复杂的过程。此外，通过列举五门中一些别具特色的植物以及相关知识内容的介绍，将现今植物界的一些基础理论引入书中，旨在让青少年在进一步熟悉身边常见植物的同时还能够对一些发生在植物体上的自然现象有一个初步的了解，从而在引起读者对科学的兴趣的同时还能够培养其正确的世界观。

图书在版编目(CIP)数据

青少年植物百科/王牧编写．--北京：航空工业出版社，2010.8(2022.1 重印)

ISBN 978-7-80243-578-0

Ⅰ.①青… Ⅱ.①王… Ⅲ.①植物—青少年读物 Ⅳ.①Q94-49

中国版本图书馆 CIP 数据核字(2010)第 131963 号

分类建议 少儿·课外阅读

青少年植物百科

Qingshaonian Zhiwu Baike

航空工业出版社出版发行

(北京市安定门外小关东里 14 号 100029)

发行部电话：010-64815521 010-64978486

三河燕春印务有限公司印刷 全国各地新华书店经售

2010 年 8 月第 1 版 2022 年 1 月第 5 次印刷

开本：787×1092 1/16 印张：12 字数：280 千字

印数：30001—35000 定价：48.00 元

前言 Qian yan

伸展着细嫩的身躯，它们只是将泥土温柔地覆盖，如果生命仅仅是一种颜色，那么便是它们将这种颜色涂满了这座曾经荒凉的星球。

25 亿年前，是谁从蓝色的海洋之中孕育而出，让我们的这个世界在广袤的宇宙之中变得与众不同？

4 亿年前，又是谁悄悄地登临了这片贫瘠的大陆，将第一粒种子播撒在岩石之中，期待着春天的破土而出？

植物，这个地球上最为庞大而神奇的生物种族，究竟是何时出现在我们这颗蔚蓝色的星球之上，又是如何生存在我们的身边？在遥远的、人类还没有出现的悠久年代里，这些沉默的生物们，又是如何谱写出那些古老的生命之歌，将死气沉沉的荒漠变成生机勃勃的乐园？

在漫长的数百亿年之中，这些没有手脚的“生产者”们一直通过它们无私的奉献，维系着生命系统中那些最为脆弱的链条，离开植物，这个世界上没有一种生物能够单独存活，但是植物本身从不需要任何一种其他生物也能够从容地生存下去，这生命的奇迹究竟是如何缔造的？

对于人类来说，植物无疑是最为亲密的物种，而同样对于人类来说，植物恰恰又是最为神秘的生物。可以说，自从人类诞生，就与植物结下了不解之缘。在人类数百万年的历史进程中，从未停止过对植物的探索——植物的起源、植物的进化、植物的繁衍、植物的消亡，每一项都与人类的生活紧密相连，每一点都与人类的命运息息相关。

古老的神话与现代的科学相结合，轻松的故事与严谨的分析相交织，让我们借着那细密如根茎般的思绪，回首人类探索植物的历史，一道来探究我们身边最不可思议的生物——植物，那个拥有着流动的绿色血液和众多不为人知的秘密的地球的主宰者。

作者

目录 MULU

第1章 海洋——生命的起始

第2章 藻类——进化的初起

第3章 原始陆地植物——奔向新世界

第4章 蕨类植物——与恐龙同行

第5章 裸子植物——种子植物先驱者

第6章 被子植物——走向繁荣

第1章 海洋——生命的起始

生命的产生是一个复杂而漫长的过程。生命是一个融合了各种偶然因素以及一系列复杂过程的奇迹，它可能是若干无生命的东西经过“电击”而产生的，也可能是一些“宇宙旅行者”留给地球的神秘“礼物”，甚至可能是由于一些我们人类目前根本无法知晓的原因而产生的。

寻找生命开始的证据

↑↓暴龙骨架（上）及复原图（下），从骨架到复原图是一个系统、科学而复杂的过程。

我们对已经灭绝的古生物进行研究，主要依靠对其遗骸形成的化石以及这些化石所处地层的分析，从而判断出它们的形态、生活习性以及生存年代等。只有少数幸运者能在某日出游时，在荒山野岭被一块石头绊了一跤，捡起一看竟然是几亿年前某种生物身上的部件；大多数情况下，发掘化石的专家们需要诸如 GPS、远红外探测系统等复杂设备的帮助，才能令深埋地底的化石重见天日。而且，在这之后的化石分析过程更需要同位素质谱仪、专业的图形软件等的帮助，才能将这些残缺不全的生物遗骸还原为其生前的模样，其间更是涉及了大量的知识。

现在我们从书上得知暴龙长得如何威猛、猛犸象如何特化、三叶虫如何有趣、鹦鹉螺如何绚丽……若是没有在此之前科学工作者们的辛苦工作，这些史前生物很可能永远被深埋在泥土之中。

生命的形成、恐龙的灭绝等一系列谜题虽然得到了解答，但这些解答中仍存在着很多猜测的成分，也许最准确的答案只有在人类能够超越光速，发明了时间机器之后，重回那个时代，才有可能得出。可惜爱因斯坦只给了我们理论上的可能性，并没有给我们任何技术支持，而且爱因斯坦同时也预言，光速是不可能被超越的，因而，能否回到过去，从而实地进行古生物研究也就充满了不确定性。

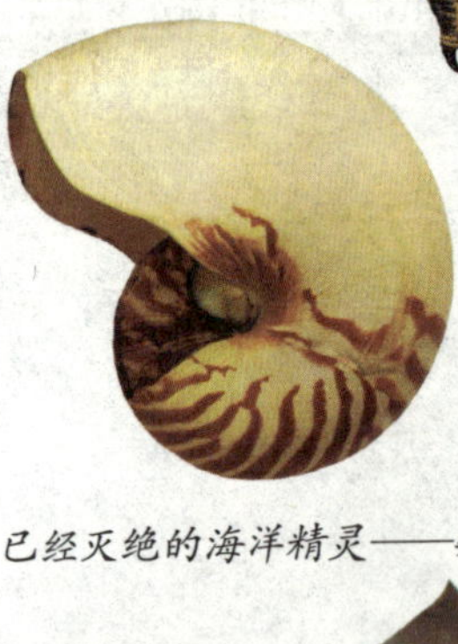

↑↓已经灭绝的海洋精灵——鹦鹉螺

学者们通过研究推断早期地球的天气相当糟糕：暴雨外加电闪雷鸣通常会持续几十年到数百年，地表的高温以及原始大气中占主要部分的氢气、甲烷等气体使得当时的地球完全成为了“人间地狱”，没有人能想象得出生命到底是如何在这种环境下产生的。

感谢化石，它给我们留下了一丝线索，让我们得以揭开那亿万年前古老世界神秘面纱的一角。然而毕竟年代太过久远，环环相扣的线索之间已经出现了断链，这些断链只能通过一些假说来弥补，比如：生命形成的假说。

通过对一些早期地球生命体化石的研究，学者们认为最早形成的生物结构极其简单——它们只有一个细胞，仅含一条用来合成生命活动必需的蛋白质的RNA链。1952年，美国芝加哥大学研究生S.L.米勒，在其导师H.C.尤里的指导下，进行了模拟原始大气中电闪雷鸣的实验，得到20种有机化合物，其中不乏氨基酸、核酸等生命的基本组成材料。实验的成功大大鼓舞了科研人员，他们在此基础上提出了著名的“化学演化说”。

接下来他们要解决的就是解释原始生物如何适应氧气缺乏以及高温环境的问题了。在此之后的几十年间，一些厌氧或耐高温原始细菌的发现，完美地给该理论的缺陷打好了“补丁”。科学家认为这些厌氧或耐高温细菌很有可能是最原始的生物，因为它们完全可以适应早期地球的恶劣环境。

原始地球生态环境模拟图，在如此恶劣的条件下，生命是如何产生的，始终是困扰人类的一道难解的谜题。

随着天文学及物理学的发展，人们将生命的源头放眼到宇宙之中。通过对星云、陨石以及彗星等成分的分析，科研人员发现其中居然含有有机物质，而早期地球由于大气层较稀薄，陨石及彗星少了这层阻隔，便成为地球的“常客”，而复杂的有机物也就被带到了地球上。这就是生命起源的另一个著名假说——“宇宙外来说”。

生命体的产生是一个复杂的过程，并非准备好所有条件，生命就能自然而然地产生出来。生命是一个融合了各种偶然因素以及一系列复杂过程的奇迹，它可能是若干无生命的东西经过“电击”而产生的，也可能是一些“宇宙旅行者”留给地球的神秘“礼物”，甚至可能是由于一些更离奇的、我们人类根本无法知晓的原因而产生的。

然而，不管成因究竟是什么，生命毕竟产生了，而且熬过一个个难关存活了下来。它们默默地进行着最为简单的代谢活动，等待着下一步进化的来临。

生命中枢——遗传物质

龙文小百科

达尔文——生物进化论的倡导者

达尔文（1809—1882）是英国博物学家，进化论的奠基人。22岁从剑桥大学毕业以后，以博物学家的身份乘海军勘探船“贝格尔”号作历时五年的环球旅行，观察并搜集了大量动植物和地质等方面的材料，经归纳整理与综合分析，形成了生物进化论的概念。1859年出版震动当时学术界的《物种起源》一书，成为生物学史上的一个转折点。随后又发表了《动物和植物在家养下的变异》、《人类起源及性的选择》等书，进一步充实了进化学说的内容。

达尔文与《物种起源》

在30多年前，遗传物质这个词对许多人来说也许还是陌生的，可时至今日，这个词在整个世界的分量已经显得越来越重。只要与生命现象相关的领域，都会跟遗传物质有着或多或少的联系，甚至可以说：在现代社会里，生命科学领域中任何一项突破都是建立在对遗传物质的结构和功能的更深层次了解的基础上的。遗传物质的研究令人们得以从最微观的角度来诠释生物的生老病死。

达尔文的《物种起源》使人们意识到不同的生命个体之间有着微妙的联系，看似毫不相关的物种之间很可能有着或多或少的联系。这种联系可能表现为某个器官功能的相似，也可能表现为外形的相似。根据这一理论，达尔文断定：人是由猴子进化来的。

这一观点虽然在进化论创建的初期引起了轩然大波，但是随着更多化石证据的发现以及古生物学理论的发展，人们逐渐接受了这一观点。甚至，人们更加深入地认识到：生命是从海洋中诞生的，一些鱼类正是现在陆生生物的“老祖宗”。

于是，生物之间再也不是孤立的个体，而是被复杂的族谱联结成的一个庞大的家族。

在意识到生物之间的相互关系之后，人们又开始思考：是什么力量使得同族的生物保持着高度的一致性，又是什么力量造成了不同族之间巨大的差异以及差异下的那一丝联系呢？

←达尔文的进化论提出后，反对声不绝于耳，甚至有人将达尔文丑化作了一只猴子，这幅著名的漫画被人们称作“达尔文猴子”。

孟德尔和他的豌豆

关于遗传物质基础，科学家们早就开始了各种各样的猜测。

1864年，英国哲学家斯宾塞曾提出“生理单位”的概念，1868年达尔文称之为“微芽”；1884年，瑞士植物学家冯内格列称之为“异胞质”；1889年，荷兰学者德弗里斯称为“泛生子”；1883年，德国魏斯曼称之为“种质”，并指明生殖细胞中的染色体便是种质，认为种质是遗传的，体质不遗传，种质影响体质，而体质不影响种质。孟德尔的遗传理论产生之前，魏斯曼的理论与遗传规律的真相是最为接近的，同时，他的理论也为孟德尔的研究铺平了道路。

1865年，孟德尔发现了遗传定律，并且初步诠释了遗传物质的运作过程，他因此而被称为“现代遗传学之父”，并成为了这一重要学科的奠基人之一。

孟德尔最初进行豌豆实验时，只是希望获得更优良的品种，但在实验过程中他意外地发现：豌豆子代和亲代间存在着一些微妙的联系，这种联系是由一种尚不为人所知的物质造成的，这种物质就存在于生物体的体内。孟德尔为此发现慎重地进行了8年的豌豆实验。

←正在做实验的孟德尔。花色2∶1的分离比例让孟德尔意识到豌豆的性状是由一种“特殊物质”控制的。

龙文小百科

孟德尔——现代遗传学之父

1822年7月22日，孟德尔出生在奥地利的一个贫寒的农民家庭，父亲、母亲都是园艺家。由于受到父母的熏陶，孟德尔从小就很迷恋植物。1843年，年仅21岁的孟德尔在进入了修道院以后，开始在附近的高级中学任自然课教师，后到维也纳大学深造，受到了相当系统和严格的科学教育和训练，为后来的科学实践打下了坚实的基础。

生物的整体形式和行为种类繁多，十分不利于整理和分析，因而从中很难观察并发现遗传规律，但是从个别性状中却容易观察生物上下代之间的联系。孟德尔正是由于专注于生物个别性状的研究，才取得了成功，这是他与前辈生物学家的重要区别之一。

孟德尔首先买来了34个品种的豌豆种子，之后又从中选出22个品种用于实验。这些种子都具有某种可相互区分的稳定性状，例如高茎或矮茎、圆粒或皱粒、绿色种皮或黄色种皮等。孟德尔对它们进行人工培植，对不同代的豌豆的性状和数目进行细致入微地观察、计数和分析。

↓孟德尔的豌豆

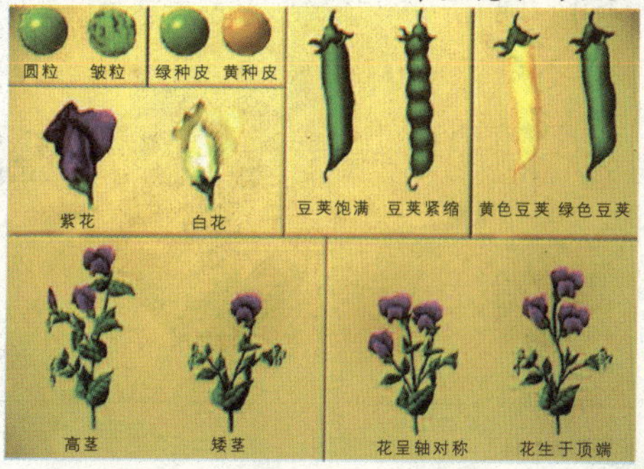

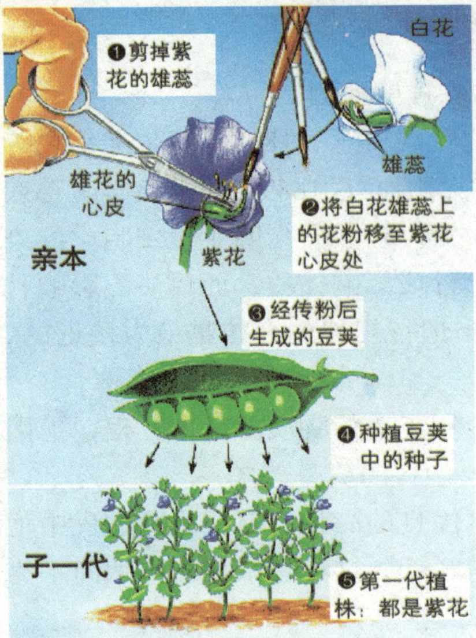

↑著名的孟德尔豌豆实验

豌豆属于具有稳定品种的自花授粉植物，容易栽种、容易逐一分离计数，这为孟德尔发现遗传规律提供了有利的条件。

孟德尔酷爱自己的研究，他常向前来参观的客人指着豌豆自豪地说："这些都是我的儿女！"

经过8年的研究，孟德尔终于发现了生物遗传的两条基本规律，并为这种规律做了相应的数学统计方面的证明。人们分别称他的发现为"孟德尔第一定律"和"孟德尔第二定律"，它们揭示了生物遗传奥秘的基本规律。

1865年，孟德尔在布鲁恩科学会的会议厅，将自己的研究成果分两次向与会者们宣讲，但演讲以失败告终。直到孟德尔逝世后16年，来自3个国家的3位学者同时独立地"重新发现"孟德尔遗传定律，孟德尔的观点终于得到承认。

1900年，成为遗传学史乃至生物科学史上划时代的一年。从此，遗传学进入了孟德尔时代。

今天，通过摩尔根、艾弗里、赫尔希和沃森等数代科学家的研究，已经使生物遗传机制——这个使孟德尔魂牵梦萦的问题细化到了遗传物质的层次上。现在，人们已经开始向控制遗传机制、防治遗传疾病、合成生命等更大的造福于人类的工作方向前进。所有这一切都与孟德尔的发现紧密相连。

←豌豆也因孟德尔而成为了最为著名的试验材料之一。

龙文小百科　孟德尔第一定律　孟德尔第二定律

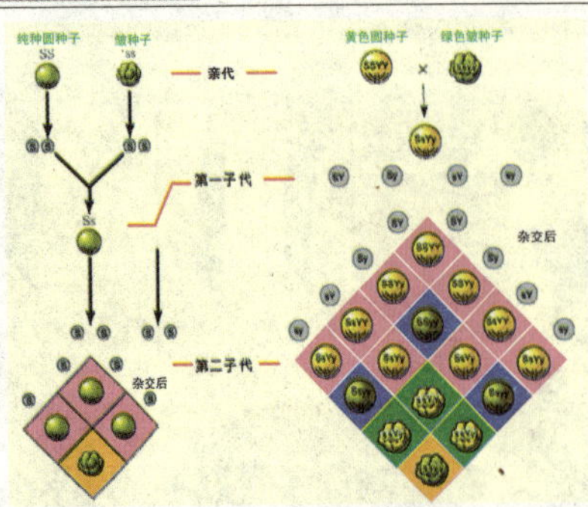

孟德尔第一定律

即分离定律。指一对相对性状的分离，实质上是二倍体生物的一对基因，分离后进入不同的配子，带有这相对性状的配子，在不同的个体中表现出来。例如：豌豆的紫花和白花在子二代中呈3∶1的分离比。

孟德尔第二定律

即独立分配定律，也称"自由组合定律"。指两对（或两对以上）相对性状分离后，又随机组合，在子二代中出现9∶3∶3∶1的比例。例如：黄色、饱满粒形的豌豆与绿色、褶皱粒形的豌豆杂交，在子二代中所出现的比例。

摩尔根与果蝇

现在，我们将孟德尔发现的这种遗传规律的执行者称为“基因”。但“基因”并非由孟德尔命名，甚至孟德尔本人连这种位于染色体上的遗传物质是如何运作的都不清楚。

1895年冬天的一个黄昏，美国纽约谢默霍恩大楼旁的体育馆突然起火。火借着风势，很快烧穿了屋顶，并向谢默霍恩大楼逼近。消防员不停地喷着水，但大楼还是烟雾腾腾，一些窗框甚至都融化了。警察远远地拉起了警戒线，不允许任何人靠近大楼。但是，有个男子却苦苦哀求警察让他进到大楼里去。那男子声称自己是教授，而自己最宝贵的实验材料都在大楼里面。警察上下打量着这位穿着没有扣子的外套、腰里系着一根绳子、留着一脸大胡子的人，很难相信他竟然是一位教授。但他的真诚和言辞中透露的高雅气度还是感动了警察，最后他竟然被放行了。那名男子飞快地一口气冲上六楼，一次次地抢出一大堆瓶瓶罐罐，并把它们全部转移到大楼的另一端，然后才喘着气冲出浓烟滚滚的大楼，回到人行道上观望。

这位穿着随意但视科学如生命的教授，就是后来举世闻名的遗传学家托马斯·亨特·摩尔根。被抢出来的瓶瓶罐罐中装着的就是他的宝贝——果蝇。

摩尔根对果蝇情有独钟，因为果蝇的染色体数目特别少，一共只有四条；而且果蝇繁殖极快，特征明显，饲养又极为方便，是检验遗传理论的理想材料。

摩尔根从1906年开始做果蝇的遗传实验。到1912年，他已分离出了具有不同特征的40多种果蝇。这些果蝇实在是来之不易，难怪他要冒死去救果蝇了。他对研究非常入迷。一次，有人问摩尔根的孩子：“你爸爸是干什么的？”孩子得意地回答：“我爸爸是替哥伦比亚大学数苍蝇的！”

实验最初进行得很不顺利，开始的几年甚至一无所获。

龙文小百科 什么是基因？

基因是指携带有遗传信息的DNA或RNA序列，也称为遗传因子，是控制性状的基本遗传单位。基因通过指导蛋白质的合成来表达自己所携带的遗传信息，从而控制生物的外部形态，以及内部的结构功能。

↑果蝇

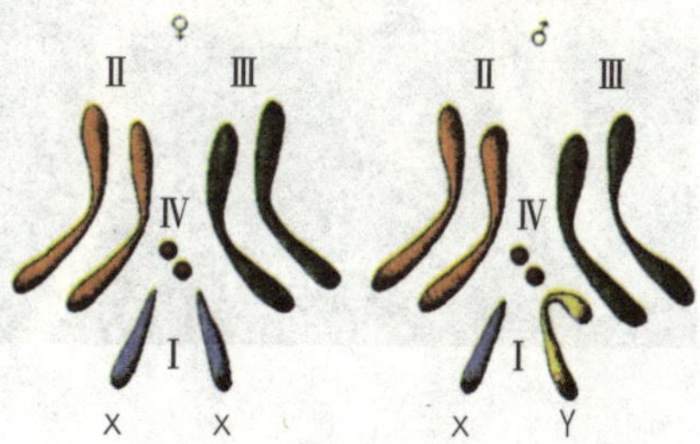

↑雌（左）雄（右）果蝇的染色体示意图

↑实验室中的摩尔根和他的果蝇

为了研究果蝇后天产生的视力缺损是否能遗传下去，摩尔根的一位学生使果蝇连续69代不见光线，第70代果蝇出生后，果然个个视力昏花。学生赶紧叫来摩尔根：实验成功了！可是这些视力缺损是暂时的，这些果蝇很快在成群的科学家们的眼皮底下恢复了视力，若无其事地向光亮处飞去，就好像什么事也没发生过一样！直到1910年，摩尔根的一位学生在洗瓶子时，无意中发现了一只红眼睛的果蝇。这是一种非常少见的现象。摩尔根立即做了进一步的试验。

摩尔根让红眼果蝇和白眼果蝇交配，结果第二代全是红眼果蝇。再让红眼果蝇自相交配，下一代中红眼和白眼果蝇都有，而白眼果蝇全是雄性。这就是后来所谓的“性别连锁遗传”，他当时称之为“性连环”，也就是有关眼睛颜色的遗传单位位于性染色体上，摩尔根把这个遗传单位称为“基因”。

→←摩尔根的果蝇

之后，一大批发现接踵而来：染色体交换时会产生相互干扰、致死因子和性染色体相连、染色体在某种条件下会违反孟德尔遗传规律而联合在一起遗传给后代……摩尔根开始认识到染色体上基因有一定的位置，并由基因间的交换频率而推测出基因彼此间的距离以及相对位置，绘制出了人类历史上第一张基因排列图。之后，摩尔根先后撰写了《遗传与性》、《孟德尔遗传原理》、《果蝇遗传学》等现代遗传学的经典著作，全面、系统地提出了现代遗传学的基本原理，使人类对遗传学的研究从染色体水平进入到了基因水平。

1933年，摩尔根获得诺贝尔生理医学奖。

果蝇给摩尔根的研究带来如此巨大的成功，以致后来有人说这种果蝇是上帝专门为摩尔根创造的。

↑上帝专门为摩尔根创造的生物——果蝇

基因探秘

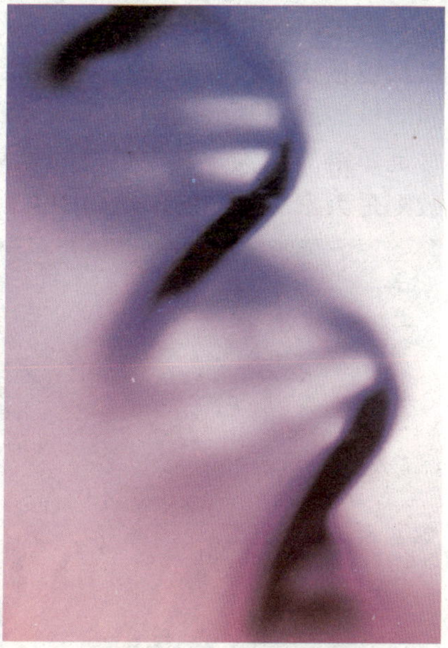

↑神秘的DNA

DNA，即脱氧核糖核酸，是多种生物染色体的主要化学成分，同时也是组成这些生物基因的材料，有时被称为“遗传微粒”。在繁殖过程中，亲代把自己DNA的一部分复制传递到子代中，从而完成性状的传播。原核细胞的染色体是一个长DNA分子。真核细胞核中有不止一个染色体，每个染色体也只含一个DNA分子。不过它们一般都比原核细胞中的DNA分子大而且和蛋白质结合在一起。DNA分子的功能是贮存决定物种性状的几乎所有蛋白质和RNA分子的全部遗传信息；编码和设计生物有机体在一定的空间中有序地转录基因和合成蛋白，从而完成各种器官发育的所有程序。

遗传物质的基本组成部分在摩尔根发现基因之后不久便被测定出来，但是遗传物质的结构却迟迟没能面世，因为遗传物质的结构需要化学、物理学和数学等多个领域知识的协同才有可能构建出来。

↑两位根据杂乱电镜图片推导出DNA结构的天才——沃森和克里克

1953年2月，天才化学家沃森和克里克通过他们的朋友维尔金斯看到了著名物理学家威尔金斯·富兰克林在1951年11月拍摄的一张十分漂亮的DNA晶体X射线衍射照片，这一下激发了他们的灵感。通过这张照片，他们不仅确认了对DNA螺旋结构的推测，而且分析得出了螺旋参数。他们采用了富兰克林的判断，并加以补充：磷酸根在螺旋的外侧构成两条多核苷酸链的骨架，并且方向相反；碱基在螺旋内侧，两两对应。一连几天，沃森、克里克在他们的办公室里兴高采烈地用铁皮和铁丝搭建着模型。

1953年2月28日，第一个DNA双螺旋结构的分子模型终于诞生了。

双螺旋模型的意义，不仅意味着探明了DNA分子的结构，更重要的是它还提示了DNA的复制机制：由于腺嘌呤总是与胸腺嘧啶配对、鸟嘌呤总是与胞嘧啶配对，这说明两条链的碱基顺序是彼此互补的，只要确定了其中一条链的碱基顺序，另一条链的碱基顺序也就确定了。因此，只需以其中的一条链为模版，即可合成复制出另一条链。这样的结构可以保证：即使任何一条生命体的DNA链受到损坏，也有可能通过另一条链来修复，这可以很大程度地提高生物体遗传物质的稳定性。

不过DNA并不是遗传物质的最初形式。在原始地球的极端环境催化下，氨基酸以及包括核酸在内的一些复杂化学物质产生了。核酸与氨基酸之间的结构决定了不同的核酸或氨基酸之间可以通过强弱作用力形成一些稳定的组合体，这些组合体通常是单链的结构，其中单链的氨基酸形成了今天我们所认识的蛋白质，而单链的核酸则是大家所熟知的RNA，中文翻译为核糖核酸。

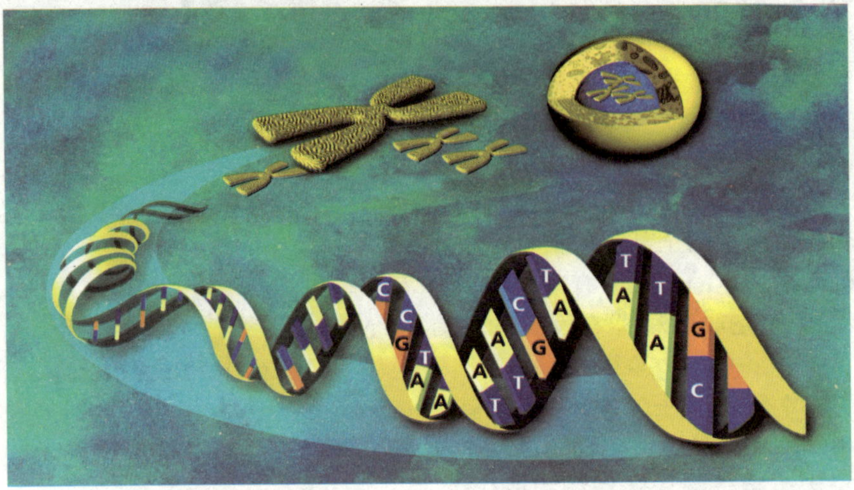

←摩尔根认识到染色体的主要组成部分——DNA才是控制动物遗传的中枢。

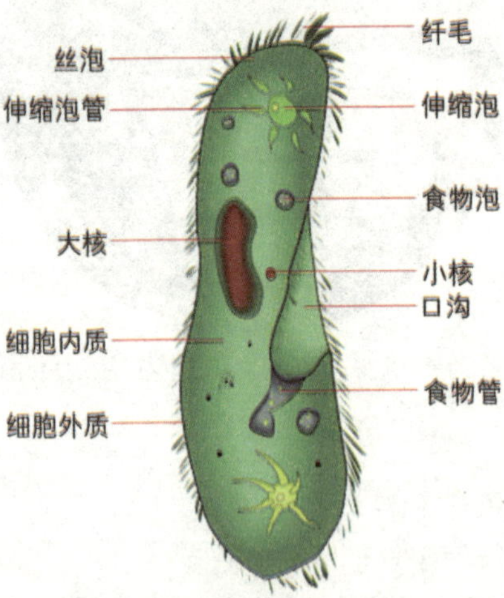

↑典型的单细胞生物——草履虫的细胞结构示意图

也是因为核酸和氨基酸结构的原因，使得核酸与氨基酸也能够在强弱作用力的作用下按一定条件以一定方式结合起来。因而核酸组成的链条也就同氨基酸形成的链条以一定的方式紧密连接到了一起，形成了一个稳定的整体。逐渐地，核酸链不再需要与这些氨基酸链紧密联系起来，而是通过自身排布顺序的一些调整，以现在我们所知的遗传物质转录过程将游离于周围环境的氨基酸以一定顺序组合起来形成具有一定功能性的蛋白质，而这些蛋白质就聚集到了核酸链的周围，形成了保卫核酸链稳定性的一个“房子”，而核酸链也获得了更大的自由度，蛋白质外壳与核酸链形成了一个微妙的共存局面，而这个微妙的共存体一起构成了最原始的单细胞生物。

据科学家猜测，DNA链是由两条RNA链组合而成的，它可以保证生物体遗传物质的稳定，是更加适合环境的产物。而随着DNA的出现，高等生物也已经出现了萌芽，生命不再是一个单链RNA加上一层蛋白膜的简单结构，而是向着更高等、更复杂、承担着更多使命的高级生命体迈进。

分道扬镳——生存方式的殊途

↑阳光为生命的存活提供了宝贵的能量。

生物体无时无刻不在消耗着能量，不管动物的一举一动还是植物的春华秋实，这一切的一切都需要能量的支持。之前提到的最原始生命体亦是如此。如何获取能量，成为了生物存活的头等大事。

在生命起源之初，地球环境极度恶劣。一些身体结构简单，能有效利用本身资源存活的生命体占据了世界主导地位，其中的代表就有嗜热菌、耐酸菌或耐盐菌等。它们既能承受环境带来的强大压力，同时还能够依托环境制造出生活必需品。然而，在随后的几十亿年里，随着地球环境的逐渐稳定，诸如氧气浓度增加、气温降低、气候转好等，生物体的结构以及生存方式也相应发生了变化。

地球的能量大部分来自太阳，并且主要以光能的形式存在。若想要吸收光能维持生计，就必须经过一系列复杂的化学过程将光能转化为生物体可以直接利用的能量，该过程的顺利进行要求生物体必须进化出一套更为复杂的细胞结构。

↓美国黄石国家地质公园内的地热泉，直到现在，里面还生长着古老的嗜热菌。

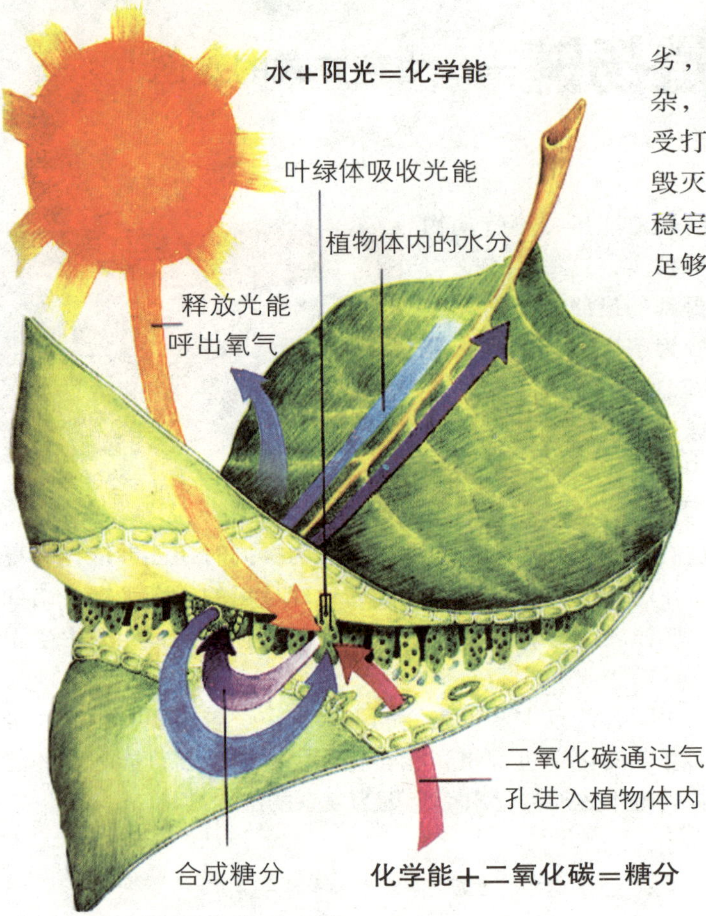

↑光合作用是自然界的一大奇迹。

早期的地球环境过于恶劣，若生物体的结构过于复杂，其中任何一个细微部分遭受打击都有可能导致生物体的毁灭。然而地球气候条件日趋稳定，结构复杂的生物体已有足够的条件存活。利用光能意味着能够获取更多能量，从而更大规模地繁衍后代。

自此，地球上逐渐出现了大量能够利用光能生活的生物体。它们仍然是以单细胞形式的个体存在，然而在结构和功能上已经不知比最原始的生物体复杂了多少倍，它们能进行“光合作用”，这些生物体，我们姑且称之为“光合细菌”。它们就是植物的雏形。

在这些生物体利用光能生活的同时，它们还会排出包括氧气在内的多种“废料”。经过漫长的积累，使得地球上的氧气含量大幅度地提升。渐渐地，大气的组成以及各种成分所占的比例也已经与今日的大气基本相同。

一些生物体在进化过程中惊喜地发现：在氧气的帮助下，一些有机物可以直接转化为生物体能直接利用的能量。而该过程排出的“废物”却又恰巧是那些光合作用生物需要的原材料——二氧化碳。

于是，一个紧密的共生关系就此形成了。

光合细菌吸收了二氧化碳，利用光能，产出“废料”和氧气，而另外一个族群则在氧气的帮助下将一些有机物转化为能量供自身利用，并且释放出二氧化碳，为光合细菌提供“原材料”。

吸入氧气，排出二氧化碳，就是我们现在每时每刻都在进行的一个动作——呼吸，这个过程，我们称之为“呼吸作用”，而远古那些进行着呼吸作用的族群，则是动物的祖先。

此外，还有一些“顽固不化”的生命体仍然传承着最原始生命体的生活方式，一直延续到了今日，它们就是古细菌。

由于这种生命体选择的能量来源范围过于狭窄，有的通过热能生存，有的则是通过分解特殊物质时产生的少量化学能生存。而且这些能量形式所占比例与光能相比简直微不足道，因而这些生命体在数量上远远无法同能够进行光合作用的细菌以

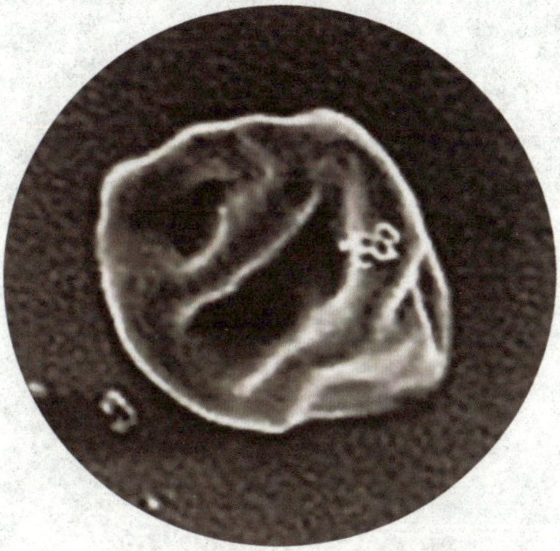

←古细菌的电镜扫描图像

→古老细菌的化石

及依靠光合细菌生存的种群相比较，它们成为了真正意义上的“少数民族”，而它们的这种生活方式也渐渐为大多数生物所遗弃。

三大族群选择了不同的道路生存，其中数量最多的就是“光合作用”者，其次是“呼吸作用”者，最后是“顽固不化”者。前两族因为在数量上的绝对优势，在地球上快速地繁衍生息，不久就跃居统治地位，其行为模式成为了地球生物的主要模式，而仍然以古细菌的行为模式生存的第三类生物体则“隐居”于少量适合生存的地带。地球脱离了“原始社会”迈入了崭新的“光合作用”年代。

↓和谐相处的“呼吸作用者”和“光合作用者”

第2章 藻类——进化的初起

我们不得不承认：数十亿年前选择了光能作为能量来源的生物无疑是“明智”的。从科学的角度来看，光能比较活跃，不需要太过苛刻的条件就能加以利用。同时，由于光能的覆盖面几乎能够达到地球的每个角落，因此依靠光能生活的生命体就不会像嗜热菌之类的生物一样被局限在诸如火山口、地热泉之类的特定环境生存。最重要的是，稳定且数量庞大的光能能够为一个族群长期的繁衍和进化提供源源不断的动力，而不会因为能源的枯竭而导致种群的灭亡。

蓝藻——光合作用之先行者

光合作用无疑是远古生物们最明智的"选择"。

我们不得不承认，数十亿年前选择了光能作为能量来源的生物无疑是"明智"的。从科学的角度来看，光能比较活跃，不需要太过苛刻的条件就能加以利用。同时，由于光能的覆盖面几乎能够达到地球的每个角落，因此依靠光能生活的生命体就不会像嗜热菌之类的生物一样被局限在诸如火山口、地热泉之类的特定环境生存。最重要的是，稳定且数量庞大的光能能够为一个族群长期的繁衍和进化提供源源不断的动力，不会因为能源的枯竭而导致种群的灭亡。

龙文小百科　光合作用

1773年，英国科学家普利斯特利做了一个有名的实验，他把一支点燃的蜡烛和一只小白鼠分别放到密闭的玻璃罩里，蜡烛不久就熄灭了，小白鼠很快也死了。接着，他把一盆植物和一支点燃的蜡烛一同放到一个密闭的玻璃罩里，他发现植物能够长时间地活着，蜡烛也没有熄灭。他又把一盆植物和一只小白鼠一同放到一个密闭的玻璃罩里。他发现植物和小白鼠都能够正常地活着，于是，他得出了结论：植物能够更新由于蜡烛燃烧或动物呼吸而变得污浊了的空气。

1864年，德国的萨克斯发现光合作用产生淀粉。

1880年，美国的恩格尔曼发现叶绿体是进行光合作用的场所。

1897年，首次在教科书中将植物体转化光能为化学能的过程称为光合作用。

让我们来看一看当年光合作用“发明者”的后裔吧。

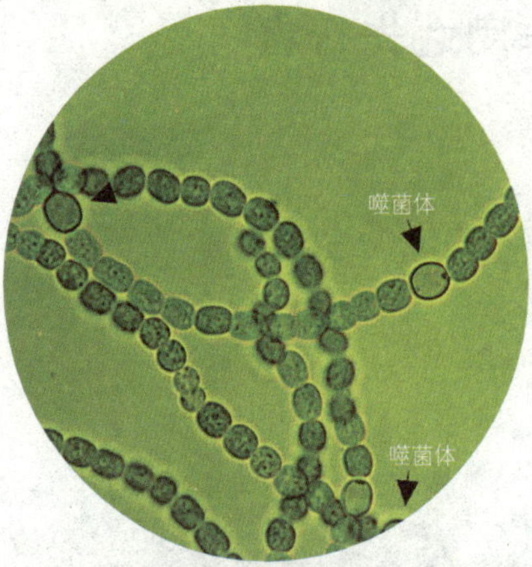

↑球状蓝藻

蓝藻也叫蓝绿藻，属于藻类中的蓝藻门，它是藻类植物中最简单、低级的一门，在世界各地都能找到这种或丝状或串珠形或球状的生物，其中球状体和串珠形属于蓝藻门中的色球藻目，串珠形的外表不过是因为大量球状的色球藻生活在一起，而丝状的个体则是蓝藻门的藻殖段目生物。

除了蓝藻门，藻类中的其他 4 门细菌也都能进行光合作用，而且每一门都有各自不同的基因用来控制生产光合色素从而进行光合作用。然而只有蓝藻拥有全部 100 种基因，并且其中许多是蓝藻独有的。这意味着蓝藻“继承”了祖先遗留下来的大多数光合作用基因。它应该是跟最早进行光合作用的生物体是比较接近的。

↓丝状蓝藻

↓蓝藻的显微结构

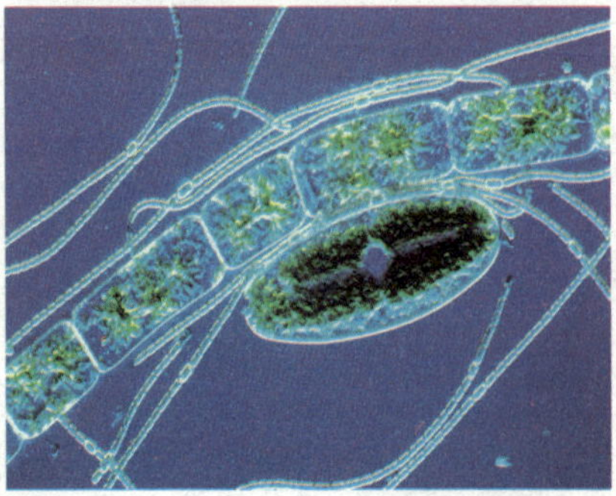

从研究人员发掘出的 34 亿年前的化石来看，最早进化出光合能力的生物外形与今天我们在显微镜下看到的蓝藻非常相似——这为蓝藻作为最早开始光合作用生物体的后裔提供了理论上的证据。原始蓝藻在能够利用光能之后，便有了取之不竭的能量来源，从而具备了巨大的进化优势，在光合细菌中占据了主导地位。

感谢蓝藻的祖先，在它演化出光合作用能力之后，地球逐渐开始向今天这个欣欣向荣的模式发展。

蓝藻大约出现在35亿年前，现在已知1500多种，分布十分广泛，遍及各种地理环境，但主要还是生长于淡水水域。有少数品种可生活在60～85℃的高温水域中，有些种类则可以和真菌、苔藓、蕨类和裸子植物等较为高等的植物共生。有不少蓝藻可以直接固定大气中的氮，这样一来，土壤中的养分可以被极大丰富，有利于作物的增产；有的蓝藻还成为了人们的食品，如著名的发菜和普通念珠藻（地木耳）等，它们就属于蓝藻门中的不同品种。

↑著名的食用藻类——地木耳

但在一些营养丰富的水体中，有些蓝藻常于夏季大量繁殖，并在水面形成一层蓝绿色而有腥臭味的浮沫，这就是环境杀手——水华，更为可怕的是有些蓝藻还会产生一些毒素破坏水质，对鱼类等水生动物，以及人、畜均有很大危害，严重时还会造成鱼类的大量死亡。

蓝藻过量地生长会造成水华，会对水生生物造成巨大危害。

龙文小百科　固氮菌

氮素是植物体生长不可缺少的元素，它是构成生物体DNA、RNA和蛋白质的基本成分。固氮菌顾名思义是能够将空气中的气态氮转化为能够吸收利用的氮元素的细菌。固氮菌在与植物共生的情况下才能固氮或才能有效地固氮，固氮产物氨可直接为共生体提供氮源。固氮菌种类主要有根瘤菌属的细菌与豆科植物共生形成的根瘤共生体，弗氏菌属与非豆科植物共生形成的根瘤共生体；某些蓝细菌与植物共生形成的共生体，如念珠藻或鱼腥藻与裸子植物苏铁共生形成苏铁共生体，红萍与鱼腥藻形成的红萍共生体等。

在实验条件下培养自生固氮菌，培养基中只需加入碳源（如蔗糖、葡萄糖）和少量无机盐，不需加入氮源，固氮菌可直接利用空气中的氮（N_2）作为氮素营养；如培养根瘤菌，则需加入氮素营养，因为根瘤菌等共生固氮菌，只有与相应的植物共生时，才能利用分子态氮（N_2）进行固氮作用。

藻类——初见叶绿体

↑光合作用的工作者们

蓝藻在进化出“光合作用”能力之后，开始制造氧气，并且在身体中积累了光合作用的“副产品”——碳水化合物。对于许多靠摄取外部营养生存的生物来说，碳水化合物无疑是一种“美味佳肴”。于是乎，一大批“捕食者”开始了疯狂的“碳水化合物探寻之旅”。最原始的生物并没有牙齿，它们进食的方式就是一口把猎物吞进肚子里，然后再慢慢把猎物通过体内的一些类似于“胃液”的东西把它消化掉。这与蛇的进食方式非常相似，蛇虽然有牙齿，但它们牙齿的作用并不是把猎物嚼碎，而仅仅是向猎物体内注射毒液以制服猎物用的。

这些“吞噬者”把蓝藻吞到肚中后，本来准备慢慢享用这顿美餐，谁知蓝藻福大命大，不但没有死，反而在这些吞噬者的肚子里安了家。蓝藻在它们的体内继续勤勤勉勉地进行着光合作用，而产出的碳水化合物也理所当然地被那些“吞噬者”享用起来；同时，蓝藻也在“吞噬者”肚中就地取材，繁衍着后代。一个“和谐”的循环就这么诞生了，人们给这种生物间互惠互助的行为起了个学名，叫做“共生”。

然而，“吞噬者”和“被吞噬者”并不“满足于”这种简单的“共生”，随着进化的不断深入，“被吞噬者”干脆将自己的下一代“顺便”放到“吞噬者”的后代中。如此一来，当“吞噬者”在繁殖后代的时候，“被吞噬者”的后代也就顺势进入“吞噬者”的子孙体内了。这样，二者就形成了“生生世世永不分离”的关系。于是，“吞噬者”的后代身体里就有了一个能够进行光合作用的“新器官”，而这个新器官也就是今天我们所熟知的“叶绿体”。

最早具有叶绿体的生物就是现在我们看到的藻类植物了，通常意义上认为那些具有了叶绿体这种器官的古老生物是由于在原始时代一些体型较大的生物将蓝藻吞噬之后才形成的，而这些具有了叶绿体的藻类也可以被认为是现代高等植物的雏形，只是在身体的结构上非常原始而已。

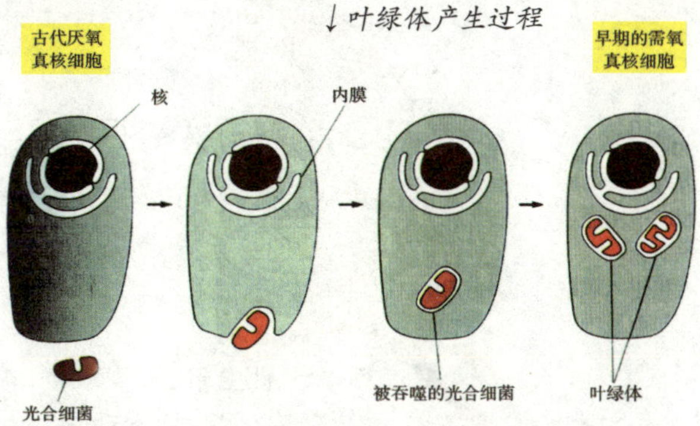

↓叶绿体产生过程

藻类在形态、构造上面有相当大的差别，例如小球藻，其外形呈圆球状，仅仅由一个细胞构成，直径也只有几微米；相比之下，生活在海洋里的巨藻，结构十分复杂，体长70~80米，最长可以达到200米以上。然而，尽管藻类植物个体的结构繁简不一，大小悬殊，但多数都没有真正根、茎、叶的分化。有些大型藻类，如海产的海带、淡水的轮藻，在外形上虽然也可以把它分为根、茎、叶三部分，但体内并没有高等植物用来运输养料的“管道”——维管系统，所以都不是真正的根、茎、叶，因此，藻类并不能被归为高等植物。然而叶绿体已经在其中产生，只需要进化出其他一些功能和器官便可以成为高等植物了。

海带

轮藻

今天，生存在地球上的动物以及数量相当庞大的微生物都在进行着“呼吸作用”。而“呼吸作用”必备的两个条件——氧和碳水化合物，则是由“光合作用者”负责制造。这些“光合作用者”是生命生存的基础，几乎提供了这个世界上生物所需的全部能量。我们今天所吃的粮食、水果、蔬菜等，都是来自“光合作用者”，甚至我们吃的肉类、蛋类也都是来自被“光合作用者”养活的生物；因此，这些“光合作用者”被我们称为“初级生产者”。

↑能进行光合作用的植物是自然界各种生物得以生存的基础。

藻类植物是地球上最重要的初级生产者，它们进行着光合作用，其生产碳水化合物的总量约为高等植物的 7 倍，同时，一些有固氮能力的藻类（和固氮细菌）每年能固氮约 1.7 亿吨，成为影响土壤肥力的重要因素之一。因此，藻类不仅是生物体最重要的食物源，而且其在光合作用中释放出的氧也是大气中氧的重要来源。它们对自然生态系统的物质循环及环境质量有着深刻的影响。

↑叶绿体在显微镜下显出了真面目。

藻类广泛地分布在海洋和各种内陆水体（包括湖泊、水库、江河、溪水、沼泽、池塘、泉水、冰雪等）以及潮湿地表中，其中生长在内陆淡水水体中的为淡水藻，分布于海洋和内陆咸水水体中的为咸水藻，包括原核生物中的蓝藻门、原生生物的硅藻门、甲藻门、金藻门、黄藻门、隐藻门、裸藻门以及属于植物界的红藻门、褐藻门、绿藻门和轮藻门。除蓝藻门外，其他各门的藻类已经普遍具有了叶绿体；叶绿体意味着植物体能更加高效地利用光能，是高等植物具备的特点之一。

甲藻——昼为“赤潮”，夜为“海火”

在一些海域，每到夜晚人们便会经常看到一片片乳白色或蓝绿色的“火光”，一些迷信的人们认为这是“海妖”奉了“龙王”的指示前来讨命的，于是连忙设祭祷告……

实际上，这些“火光”是由于大量会发光的浮游生物紧密地聚集在一起而引起的。常在这些区域的渔民们把这种生物光叫做“海火”。发光的海洋植物，主要是一类叫做“甲藻”的生物，虽然甲藻体形很小，只有借助显微镜才能看到它们的真身，但是如果数量巨大、又集群地生活在一起时，它们就能够发出十分明亮的光来。“海火”主要就是由这些会发光的甲藻引起的。

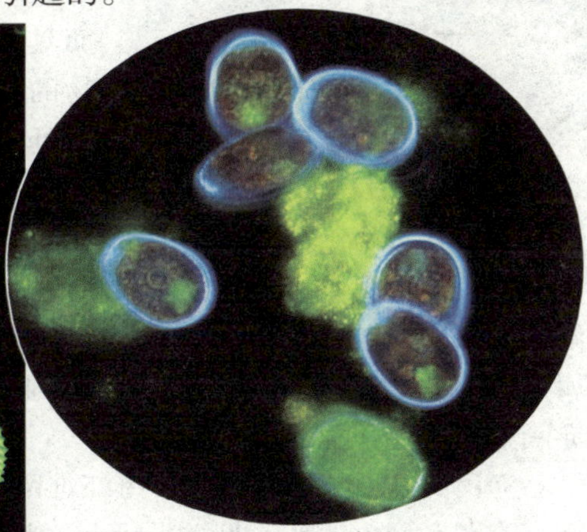

↑甲藻——“海火”的始作俑者之一

←电子显微镜下会发光的甲藻

生物发光现象其实早已引起古人的注意，并积极地应用到了生产实践中。《古今秘苑》中就曾记载：渔民们把羊膀胱揉薄吹胀，装入大量的萤火虫，沉入水下，以吸引鱼虾，然后聚而捕之。这就是我国古代利用生物光捕鱼的新技术。“海火”还是渔民寻找鱼群的重要线索，在发生强烈的“海火”的地方必然浮游生物密集，那里往往有较大的鱼群出没。在军事上也记载过根据敌舰在夜航时扬起的“海火”发现和跟踪敌人，因而大破敌军的战例。

→在日常生活中，最为人们所熟悉的发光生物恐怕就是这小小的萤火虫了。

远处看去十分美丽壮观的赤潮

甲藻门生物体在全世界约有 130 属，1000 多种。多数为海产种类，少数产于淡水及半咸水水体中。我国常见的淡水种类有 4 个属 15 种，少数采取共生或寄生的生活方式。甲藻门生物多分布于温暖水域中，而在寒冷水体中能够存活的较少。该门生物中在海洋生活的生物体种类的形态变化较大，但是仍然具有一些共性：植物体除少数为丝状或球状类型外，大多数为具鞭毛的单细胞游动种类。其中纵裂甲藻纲的细胞壁由 2 片组成，横裂甲藻纲由横沟（或称腰带）把细胞分成上、下两部分，分别称为上锥部和下锥部。壳体或为整块，但多数是由若干多角形的板片组成，板片的数目和排列方式是分类的主要依据；在细胞腹面具与横沟垂直而向后端延伸的纵沟。甲藻门生物的鞭毛多为 2 条，多为顶生或从横沟与纵沟相交处各自的鞭毛孔伸出。横鞭毛带状，环绕在横沟内，纵鞭毛线状，沿纵沟向后伸出。

赤潮其实是伴随着浮游生物的骤然大量增殖而直接或间接发生的现象。实际上，水面变色的情况甚多，如厄水（海水变绿褐色）、苦潮（即赤潮，海水变赤色）、青潮（海水变蓝色）及淡水中的水华等。构成赤潮的浮游生物种类很多，但其中甲藻属于优势种。近年来，随着城市和工业废水的增加而出现了富营养化，在很多海域赤潮频发。

渔民们常说“赤潮过处，鱼虾难留”，那是因为甲藻门生物会分泌出毒素，处于有毒赤潮区域内的鱼、贝类，摄食这些有毒生物，虽不能被毒死，但生物毒素可在体内积累，毒素含量大大超过其耐受的水平。这些鱼虾、贝类如果不慎被人食用，就引起人体中毒，严重时可导致死亡。

由赤潮引发的赤潮毒素统称“贝毒”，目前确定有 10 余种贝毒的毒性比眼镜蛇毒素高 80 倍，比一般的麻醉剂，如普鲁卡因、可卡因还强 10 万多倍。“贝毒”中毒症状为：初期唇舌麻木，然后发展到四肢麻木，并伴有头晕、恶心、胸闷、站立不稳、腹痛、呕吐等，严重者出现昏迷、呼吸困难。

←形形色色的甲藻

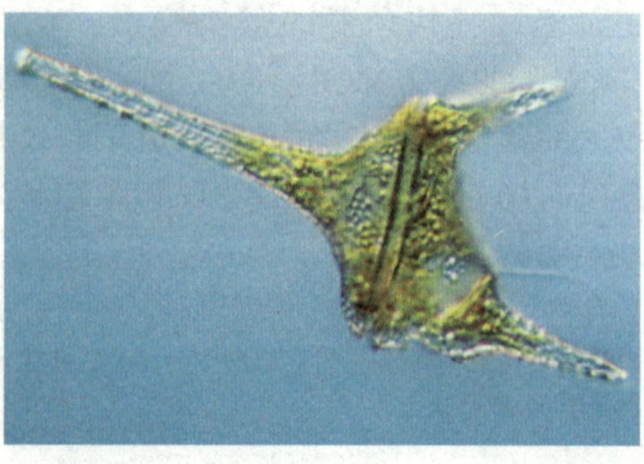
→有鞭毛的甲藻

珊瑚藻——与珊瑚共舞

↑美丽的珊瑚并非全由珊瑚虫尸体构成，其实还伴有一些藻类。

在20世纪60年代，一批中国科考工作者在珠穆朗玛峰地区进行实地考察。当他们进行发掘地层、研究地理情况的工作时，偶然发现了一种名叫小石孔藻的珊瑚藻化石。

奇怪的是，这种只能生长在热带或亚热带海域中的藻类生物，为什么会出现在珠峰上呢？

难道说在数亿年前的热带或亚热带地区就已经存在了珊瑚藻？同时被热爱海藻装饰、旅游以及登山这三项活动的智慧生物巧合地把它的“珊瑚藻项链”遗失在了珠峰上？

经过科学家们的研究论证认为：现在的珠峰地区曾经是一片汪洋，气候湿润，小鱼海里游，花草水边长，生机勃勃。然而后来印度板块向这里漂来，发生碰撞，就撞出了包括珠穆朗玛峰在内的喜玛拉雅山脉，并且他们认为世界许多高大的山脉都是因为板块间的碰撞产生的。

↓美丽的珠峰。板块间的碰撞使得碰撞部向上隆起形成山脉，而原本海生生物的尸体则被掩埋在这些山脉中，这就能够解释为什么会在高山上发现鱼的尸体了。

珊瑚藻按照生物分类学的划分来讲是属于红藻中珊瑚藻科，大多生活在温暖海洋中。藻体短小且丛生，底端一般都是固定在鹿角珊瑚礁上或浅海的岩穴内。它们的形状也同珊瑚虫相似，于是这些曾经被冷落在人类视野之外的生物也就摇身一变，被笼统地当作“珊瑚虫”对待。就连18世纪的生物分类学家林奈也信誓旦旦地说珊瑚完全是由动物形成的，依据是珊瑚藻的体内充满了钙质。尽管钙化的植物很少见到，但区别动物和植物的分界线不全在钙质，而主要在于植物体内具有叶绿素，能够依靠光合作用生活，不像动物靠吞食别的生物为生。

美丽的珊瑚藻

珊瑚藻的分枝数次重复分叉，外形呈现为羽状；枝扁平，有明显的分节，同时因为体内含钙质较多，所以粗糙而坚硬。

珊瑚藻在我国青岛、舟山等地都有分布。值得注意的是当它们出现在高山、陆地时，则意味着它们已停止了生命，成了化石。同时会失去色彩，完全变成了一块石头。只有在海洋里，才会出现这样的奇迹：有些活着的“石头”能在海水里生长、繁殖、死亡，走完生命过程的每一环节。

龙文小百科

大陆漂移说与魏格纳

19世纪以前，人们尚未系统地研究地球整体的地质构造。1910年，德国地球物理学家阿尔弗雷德·魏格纳在偶然翻阅世界地图时，发现了一个奇特的现象：大西洋的两岸——欧洲和非洲的西海岸遥对北南美洲的东海岸，轮廓非常相似，如果从地图上把这两块大陆剪下来，再拼在一起，就能拼凑成一个大致上吻合的整体。把南美洲跟非洲的轮廓比较一下，更可以清楚地看出这一点：远远深入大西洋南部的巴西的凸出部分，正好可以嵌入非洲西海岸几内亚湾的凹进部分。而后，魏格纳从地质学、生物学和古生物学、古气候学等方面对这一现象进行了大量卓越的论证，并形成了一个大胆的假设：在3亿年前，地球上所有的大陆和岛屿都连接在一块，是一个庞大的原始大陆——泛大陆。泛大陆被一个更加辽阔的原始大洋所包围。后来，从大约距今两亿年时，泛大陆先后在多处出现裂缝。每一裂缝的两侧，向相反的方向移动。裂缝不断扩大，海水侵入，就产生了新的海洋。相反地，原始大洋则逐渐缩小。分裂开的陆块各自漂移到现在的位置，形成了今天人们所熟悉的陆地分布状态。

大陆漂移说一经提出，就在地质学界引起轩然大波。年轻一代为此理论欢呼，认为开创了地质学的新时代，但老一代均不承认这一新学说。魏格纳在反对声中继续为他的理论搜集证据，为此他又两次去格陵兰考察，发现格陵兰岛相对于欧洲大陆依然有漂移运动，他测出的漂移速度是每年约1米。

1930年11月2日，魏格纳在第4次考察格陵兰时遭到暴风雪的袭击，倒在茫茫雪原上，那是他50岁生日的第二天。直到次年4月，搜索队才找到他的遗体。

←1929年时摄于格陵兰的魏格纳

珊瑚藻除了具有进行光合作用的叶绿素外，还有红藻的藻红素，这样，它们就因为体内所含的色素不同，而呈现出绿、红、紫等美丽的颜色。这样，它们应该是属于低等植物的藻类。珊瑚藻是属于真红藻亚纲隐丝藻目中最丰富、种类最多的一个科，叫“珊瑚藻科”。

在热带、亚热带海域，珊瑚藻或同珊瑚虫协作，或独立地建造起珊瑚礁。特别是皮壳状的珊瑚藻，它们从南沙群岛到西沙群岛，从马绍尔群岛到所罗门群岛，建造起了壮观的“海藻脊”。珊瑚藻喜欢在波涛汹涌的礁缘上生长，在海面时隐时现，不断繁殖，扩展自己的藻体。

珊瑚藻对人体的功用研究得并不多。《本草纲目》中记述了一种叫做“海浮石”的植物，它们是由岩石、珊瑚虫体、还有一部分珊瑚藻组成。书中说它有止咳、清心降火、消积块、化老痰、清瘤瘿结核疝气、下气、消疮肿等功效。山东黄县桑岛产的“海浮石”就属于皮壳状珊瑚藻，主要是石枝藻属一类。年产量仅有5000多千克，十分珍贵。

珊瑚藻的钙化藻体不像那些非钙化的藻类被地质变化消灭得无影无踪，而能够在漫长的地质年代变迁中保存着自己的面目——化石，具有生物学和地质学研究的价值。它对于开发石油资源，发现大型海相碳酸盐型油田有重大的意义。

美丽的珊瑚藻

眼虫藻——动物还是植物

假如眼虫藻永远沉浸在模棱两可的状态中“自得其乐”，同时只热衷于划动它们的鞭毛盲目地四处游荡，那么就不会有我们今天这个五彩缤纷的世界了。当然，也就不会有我们人类了。好在事情并非如此。

突然把眼虫藻和我们人类的命运联系到了一起好像是有点突兀。那么，让我们将目光投向海洋吧，最原始的生命在这里产生、演化，逐渐地海洋里出现了最早的原始单细胞生物。其中有一种小东西叫“眼虫藻”，也叫“眼虫”。眼虫藻生活在淡水中，在池塘、水沟和流速缓慢的溪水里，都有它们的踪迹。在温暖季节，它们常常会大量繁殖，使水呈现出一片绿色。

→显微镜下的眼虫藻

眼虫藻，亦称“裸藻”。属于眼虫藻门眼虫藻科。眼虫藻身体微小，体长仅有约 60 微米，人们必须凭借显微镜才能看到它的真面目。眼虫藻的身体由 1 个细胞组成，形状像个织布的梭子。它的体表没有细胞壁，由细胞的质膜直接与外界接触。身体前端有一个胞口，从胞口中伸出一条鞭毛，鞭毛是一种运动胞器，眼虫藻主要依靠鞭毛的摆动在水中自由运动。胞口下方连接胞咽，胞咽末端膨大成储蓄胞，储蓄胞周围有伸缩泡，储蓄胞和伸缩泡能收集和排出细胞中多余水分和代谢废物。在细胞质中分散着大量卵圆形的叶绿体——叶绿体是眼虫藻进行光合作用、制造有机养料的场所。在靠近胞咽处还生有一个红色眼点，眼点是一种感觉胞器，眼虫藻用它感受光线的刺激，趋向适宜的光线，以利于进行光合作用。

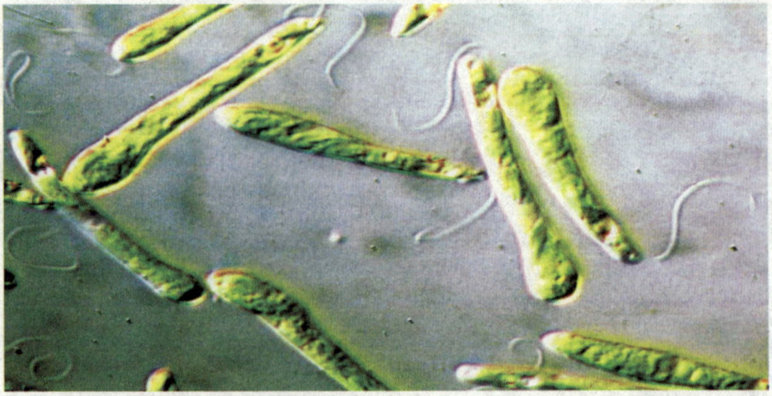

→拖着“尾巴”在水中游来游去的眼虫藻们。

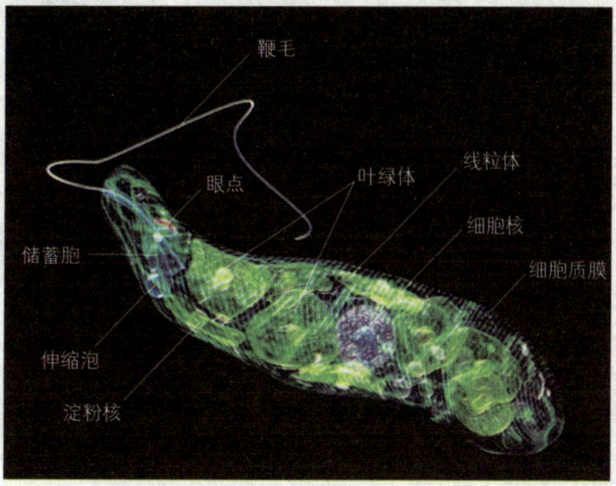

→眼虫藻的电脑合成图像。眼虫藻的特殊结构使其停留在动物和植物间的“临界点”。

眼虫藻既有动物特征，又有植物特征。我们知道，动植物细胞在结构方面的主要区别有三点：植物细胞有细胞壁、液泡和质体（质体包含叶绿体、白色体和杂色体），而动物细胞则没有这三种结构。

眼虫藻的细胞中有质体，但没有细胞壁和液泡。在身体的其他结构方面，眼虫藻有储蓄胞和伸缩泡，而这两种结构只在原生动物细胞中存在，植物细胞中从没发现过。不仅眼虫藻的身体结构具有两重性，它的营养方式也同样具有动植物两方面的特征。一方面，它依靠自己体内的叶绿体，进行光合作用，制造有机养料；另一方面，它又依靠自己身体的渗透作用，直接从水中吸收现成的有机物质，而且它还用胞口和胞咽吞吃周围环境中的颗粒状有机物。不言而喻，前一种营养方式属于植物的营养方式，而后一种则属于动物的营养方式。

↓奇美拉在英文中意为“四不像”，它是一种凶猛的集合多种动物特征的生物，眼虫藻就像是植物界的“奇美拉”。

眼虫藻的两重性的特点，在历史上曾引起了植物学家和动物学家的争论，植物学家根据眼虫藻具有叶绿体，并能进行光合作用的特性而坚持认为它是植物，并根据它没有细胞壁，原生质裸露的特点，将它命名为“裸藻”；动物学家则根据其无细胞壁和液泡，具有胞口、胞咽、储蓄胞、伸缩泡等结构，并且具有动物性营养方式的特性而认定它是动物，还根据其具有眼点的特点，将之命名为“眼虫”。双方各持己见，使眼虫（或称眼虫藻）成了“脚踩两只船”的生物，出现了动物学和植物学都有关于它的专门论述的奇特现象。

根据达尔文的进化论解释，现今地球上200万种动、植物，都是由一种或几种原始生物经过长期进化逐渐形成的，在动、植物当中，有相当多的种类在形态和结构上存在着“狮身人面”现象，也就是说身兼两种生物的特性。因此，在植物界和动物界之间，也一定存在着既像植物又像动物的一类生物，眼虫藻的存在，正是证明了植物同动物之间那维系了亿万年的联系。

第3章 原始陆地植物

——奔向新世界

已经在海水中浸泡了近 30 亿年的生物体们虽说对岸上的“花花世界”早已按捺不住内心的激动，然而，并不是想上岸就能够上岸的。陆地与海洋相比截然不同的环境——水分含量的降低、温度变化的不稳定……都是对海洋生物的致命威胁，海洋中的生物体需要进一步演化出相应的一套“陆地维持生命系统”才能够适应陆地相对苛刻的环境。今天我们所见到的苔藓植物，就很可能是“最早登陆者”的后代。

苔藓——海的女儿

《海的女儿》是安徒生童话宝库中的珠玑。那条为了执著地追求梦想中的爱情而舍弃了舒适的环境，丢下了自己的亲人，并且最终失去了永恒生命的美人鱼，是那样的惹人怜爱。

苔藓——本文的主人公，从进化的角度来说也堪称是植物界“海的女儿”，而且，估计比美人鱼还要早了至少几亿年“爬”上陆地。只不过美人鱼“爬”上岸来是为了见到心爱的王子，而苔藓则是为了更好地生存下来。

↑不起眼的苔藓正是陆地植物的始祖，它们已经在陆地上生活了几亿年。

陆地相对于海洋来说有更为充足的阳光，更加丰富的矿物养分，能够登陆就意味着能够获取更多光能和养料。已经在海水里浸泡了近30亿年的生物体们虽说对岸上世界早已按捺不住心中的激动，然而，并不是想上岸就能够上岸的。

陆地与海洋相比是截然不同的环境——水分含量的降低、温度变化的不稳定……都是对海洋生物的致命威胁，海洋中的生物体需要进一步演化出相应的一套“陆地维持生命系统”才能够适应陆地相对苛刻的环境。

↑正是这些暗暗生长的苔藓们为陆地的生活环境进行了初步的建设。

←生长在岩石上结构简单的苔藓

今天我们所见到的苔藓植物，就很可能是“最早登陆者”的后代。

登陆的过程是十分艰苦的。美人鱼要长出一双腿用来走路，而对苔藓的祖先们来说则需要先行演化出类似于现代植物的根、叶等组织来适应陆地。

海水中的矿物质以及有机养分是溶解在水里的，它们弥散在生物体的周围，因而可以直接通过细胞来吸收。而陆地上空气中的养分则少得可怜，根本不足以维持生计，但是大部分此类营养都被埋藏在土地下，因此需要演化出像针管一样的器官来扎入土中，“吸取”地下的养分；叶是用来进行光合作用的主体部分，就像太阳能板的原理一样，它可以凭借较大的面积更加有效地利用太阳能，以成倍增加供应给植物体的能量。

但是这时所谓的“根”和“叶”并不是现在我们通常所见植物体的根与叶，它们的功能和结构还相当简单，通常只是由少量的细胞组成。而今日我们所知的高等植物的根和叶则是由无数细胞组成了分工不同的多个结构，而这些结构相互之间协作才完成了根和叶的实际功能。苔藓植物的祖先已经具备了现代陆生植物的雏形，因而我们将它们称为最原始的高等植物。

↑苔原上美丽的植物们。苔藓的成功“登陆”为其他植物踏上地面提供了良好的条件。

在苔藓的祖先刚刚登陆时，陆地还多是由岩石组成的，并没有土壤；许多苔藓植物都能够分泌一种可以缓慢地溶解岩石表面的液体，能使岩石质地改变，使之更容易转变为微小的颗粒，这便促成了土壤的形成。

土壤的形成对于植物来说意义重大：在较为干燥的环境中，地表的水分极易被蒸发，大量的水分和养分都蕴藏在较深的地下；但是，由岩石组成的地质结构并不利于植物根的向下伸展。松软的土壤可以使植物的根轻松地伸向地层深处，以便获取更多的水分营养以利于其生存。所以，苔藓植物堪称是其他植物踏上地面的开路先锋。

苔藓的根和叶结构简单，只有少量细胞构成，而且通常只有一层，因而与周围环境的阻隔相对很小，环境中的有害物质很容易进入到苔藓植物体内，因此苔藓植物对环境的反应远比结构复杂的其他高等植物敏感，利用这个特点，人们还用苔藓充当“环境测试剂”，以预防一些轻微的污染。

无论在热带、温带，还是在寒冷的地区，苔藓都能够生存，甚至在南极洲和格陵兰北部地区都发现了苔藓植物。苔藓植物广泛地分布在森林、沼泽和其他阴湿的地方。在适宜的环境里，它们生长得极为茂盛，有时可以遍布大片的地方，形成广大的苔原。

为了踏足更加美好的世界，苔藓勇敢地登陆了。虽然它们依然保留着海洋生活的种种习惯：低矮、喜欢在阴湿环境中成长、没有完善的“管道”将从地表下抽取的养料运送到身体各个部位，甚至没有真正巨大的叶子来进行光合作用……然而它们最终成功地留在了地上，并且为后来者创造着更加适宜生长的环境。

然而，大气污染、过度的森林采伐、规模浩大的基本建设和其他一些人类活动等，都导致环境发生了巨大的改变，甚至一些环境的改变是不可逆的，这些都极大地影响了苔藓植物的生长。例如，随着园艺、花卉事业的发展，中国泥炭藓属植物被大量开发利用而使泥炭藓资源日趋枯竭。

中国濒危及稀有的苔藓植物约有36种，已证实灭绝的苔藓植物至少有耳坠苔、拟短月藓、闭蒴拟牛毛藓、拟牛毛藓和华湿原藓等5种。或许有一天，苔藓将成为历史，而将它们写入回忆录的正是我们人类自己。

→苔藓们就这样生长在低矮、潮湿、阴暗的地方，见证着地球亿万年来沧海桑田的变迁。

藻苔——承继先祖的身影

学者们通常认为苔藓植物是最早从海洋踏上陆地的生物。最初，他们的立论依据只是建立在苔藓植物原始的生活方式以及比较贴近于海洋的生活环境上面，但是并没有发现外形或功能与原始海洋生物相似的苔藓种类。

↑→由日本科学家首次发现的藻苔

一直到 1957 年，在一次山区植物采集的过程中，日本科学家服部新佐和井上浩偶然发现了一种植物，这种植物高 0.5～1 厘米，主要特点为具直立茎和匍匐茎，叶片深裂为 2～4 个指状裂片，裂片为多细胞组成的圆柱形；颈卵器裸露，单个或 4～5 个簇生于茎上部的叶腋。多见于 1000～4000 米左右的高山湿润林地或具土岩面。

↓藻苔叶片的剖面结构

两位科学家查遍当地的官方植物记录，确认没有该植物的相关记录，他们预感到：一种曾属于史前的，从未进入过人们视线的植物正呈现在他们的面前。这一预感顿时令他们兴奋不已。

它的外形与藻类如此相似，经过两位日本学者的悉心研究，他们一致认为：该种植物属于苔藓植物，但同时，它在外观上保留了许多藻类植物的特点，因此将其命名为藻苔。

后来，经过植物细胞学家的研究，发现藻苔细胞内遗传物质数量很少，结构也较为简单，染色体 n=4，为现知陆生植物中的最低数，由此判断其可能是目前所发现的最原始的苔藓植物，现生的苔藓植物很可能就是直接由藻类植物演化而来——这也将苔藓植物的祖先与藻类紧密联系到一起，为苔藓植物的由来提供了佐证。因此，藻苔类植物的发现被比拟为具有类似银杏和水杉等“活化石”的价值。

随后，这一珍贵的藻苔标本被保存在了纽约植物园中。1861 年植物学家米滕将其命名为“Lepidozia ceratophylla”，并认为它是属于苔藓植物中的地钱类植物。

1963 年格罗莱经过细心考证，推翻了米滕的结论。格罗莱认为这种植物其实是藻苔植物属中的另外一个种，并将其命名为角叶藻苔。角叶藻苔的发现再次丰富了藻苔类植物来源的考察证据，随着 DNA 测序及比对技术的产生，人们确认藻苔类植物的 DNA 序列与藻类植物的 DNA 序列十分类似，基本上可以确认藻苔是由藻类植物进化而来。

↑藻苔的解剖结构图

关于藻苔类植物，还有一则非常有趣的轶闻。树懒是一种哺乳动物，生性懒惰，极端嗜睡。树懒很少活动，通常可以趴在树上一动不动地睡上一个多月，只有饿极的时候才摘片叶子，嚼两口；同时树懒身上长有厚厚的一层毛，这层又厚又潮的毛就成了苔藓类植物生长的绝佳地盘，加上树懒很少活动，苔藓植物很难被抖落掉，因而树懒本身灰白色的毛看上去竟会是绿色，仿佛一层天然的保护色。而生长在树懒身上的苔藓类植物大多数就是藻苔。

→浑身长满了苔藓却仍在酣睡的树懒

泥炭藓——护花使者

↑在这些古老而幽暗的城堡中，苔藓总是缺少不了的装饰。

在大多数人眼中，苔藓通常是阴湿和肮脏的代名词，没人能够想象苔藓能够在我们的日常生活中起到哪怕一丁点儿的作用，除了拿来用在作家笔下的一些场景中：黑暗的城堡掩映在参天大树之间，由于缺少阳光，城堡的墙上爬满了藤蔓植物，而在更为阴暗的角落，则长满了青苔。每当深夜来临，那些阴暗的角落中常常能看到些什么——没有声息，只有一瞬即逝的魅影。苔藓与幽灵鬼怪结缘，或许是苔藓的气味和颜色容易让人产生出与幽灵或死亡有关的联想吧。

其实在现实生活中，苔藓植物除了在文学作品中扮演一些小配角外，还在其他相当多的方面发挥着不可小觑的作用。泥炭藓就是其中一种。

泥炭藓是藓类植物中最原始的分类群，约有 100 种，多生长于高山和林地的沼泽中，或生于有滴水的岩壁下洼地及草丛内。泥炭藓的原丝体呈片状，植物体柔软，高可达数十厘米，并呈垫状生长。茎纤细，单生或稀分枝，表皮细胞及叶细胞大且无色，有时具水孔和螺纹。叶细胞的水孔和螺纹加厚，间有狭长形的绿色细胞。孢子四分型，呈蒴球形，成熟时为紫黑色，盖裂，由柔弱、透明的假蒴柄自茎顶伸出。

↑近看一下这种苔藓植物，还是很漂亮的。

↑成熟的孢子和透明的假蒴柄

←在泥炭藓育苗床上生长的兰花

在花卉市场中，我们经常能够看到：一些有经验的花卉经营者常用苔藓（多是泥炭藓）包裹诸如兰花等名贵花卉的根茎，或者将苔藓植物垫在盆底，对花卉进行护根栽培。这是因为泥炭藓具有保湿、保鲜、含水丰富的特点，其茎、叶能够涵养的水分甚至可达到其植物体自身重量的20~25倍，而且，它们在生长过程中还会分泌出酸性溶液，于是，它们自然就成了为那些娇嫩的花卉创造肥沃、透水保湿性能良好的微酸性土壤环境的最佳选择。

有的苗圃在春季和夏秋播种育苗时，用泥炭藓覆盖在播种盆、播种床上，不仅能减少水分蒸发，还能保障育苗所需的水分湿度。尤其是用于嫁接技术时，用泥炭藓包扎接口和环剥的木质部更有利于枝条愈合生根。此外，利用泥炭藓进行育苗繁殖还具有防虫害和抗霉菌污染的效果，使幼苗能生长发育良好。

在第一次世界大战时，由于药棉严重短缺，加拿大、英国、意大利等国曾利用泥炭藓类植物的吸水特性代替棉花制作敷料。

正是由于泥炭藓超凡的吸水性，它在森林地区过分生长往往会给森林带来毁灭性的打击。尤其值得一提的是，由泥炭藓和其他植物长期沉积后形成的泥炭，其1吨的燃料热量相当于0.5吨煤燃烧产生的热量。

这种貌不惊人的“小家伙”们由于其可观的经济价值，越来越受到人们的重视，于是其生存也就如其他的经济植物一样，变得越发举步维艰，在局部地区甚至已经面临绝灭的危险境地。

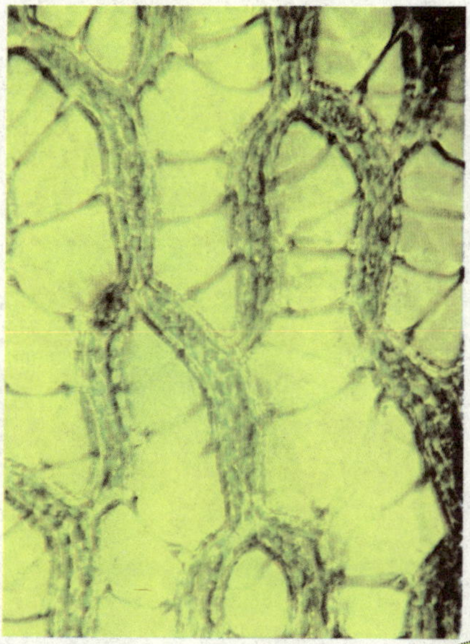

→显微镜下泥炭藓枝叶的剖面结构图，这样的细胞结构使其具备了非凡的吸水能力。

第4章 蕨类植物

——与恐龙同行

在地壳板块间剧烈的“磕磕碰碰”中，高耸入云的山脉和深不见底的谷地就如此产生了。突然出现的高山和谷地引起了整个陆地气候的巨变，这场变革触及陆地上所有地区。

“爬”上了陆地的脆弱生命们第一次被逼上了“生死线”——要么想方设法生存下去变成“活化石”；要么四仰八叉地躺下被土掩埋，等数亿年后再被挖出来，陈列在博物馆被高等动物们瞻仰遗容……

蕨类植物——与恐龙同行

长久以来，有关恐龙的种种发现与猜测、传闻一直极大地刺激着人们丰富的想象力。其庞大的身躯、无与伦比的凶悍使人们的好奇心几乎膨胀到了极点，甚至有人说，很多人的“怪兽情结”发端于这种神秘的史前动物。

通过对已出土恐龙化石的研究，以及生态学家们对当时地球生物圈组成的推测，学者们认为大多数的恐龙都属于植食性动物。如此巨大的身躯，食量必然也不小。那么，是什么样的植物养活了这些庞然大物呢？

让我们先看看当时地球上主要的植物种类吧。

通过对一些古代植物化石年代的推算，恐龙在地球上占统治地位时，苔藓植物、蕨类植物和裸子植物正处于生长盛期。相比之下，蕨类植物的茎富含淀粉，枝干也并不强韧，适于动物们咀嚼；而裸子植物由于具有发达的木质部而不易被咀嚼，且叶中含有大量丹宁因而口感不佳；另外，苔藓植物的植株太过矮小，估计巨龙们用“嘴啃泥”式的方法也是啃不到的。于是，蕨类植物理所当然地在这三类植物之中胜出，成为了植食性恐龙的不二选择。

←身躯庞大的植食性恐龙——马门溪龙
（图片选自航空工业出版社《恐龙真相》）

↓海底摇曳生姿的绿藻和蕨的外形非常相似。

蕨类植物是从哪里来的呢？

在苔藓植物成功登陆之后，泡在海洋中的生物们纷纷向往陆地生活，陆地上有更充足的阳光、更丰富的养分、到处都是氧气……简直就是仙境一般。其中的一支名叫绿藻的族群并不只是停留在羡慕的阶段，而是积极地改造自身结构以适应陆地

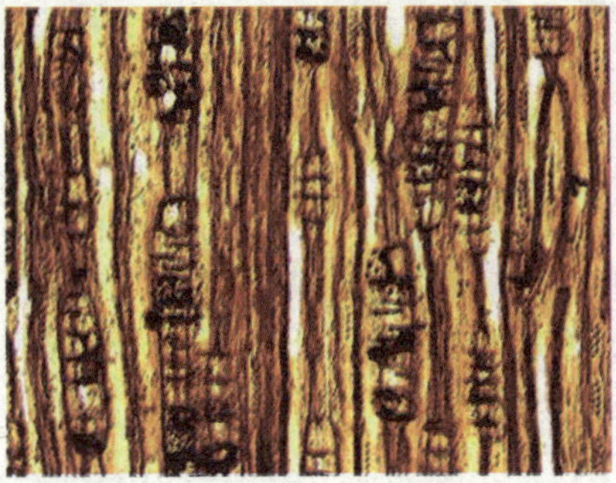

↑显微镜下苔藓植物的导管系统

↑裸蕨化石

↑如今的木贼属植物

生活。经过不懈地努力之后，绿藻们终于成功了，一支全新的物种继藻类之后又登上了陆地，这就是经由绿藻演变而来的裸蕨类植物。

苔藓植物在陆地生活中仍然存在着缺陷——太过低矮的植株很容易被遮蔽而无法享受到阳光的照射，脆弱的假根也很难承受恶劣的环境而遭受破坏。于是，这些裸蕨类植物内部进化出了具有导管系统与茎相似的结构。这种结构可以帮助裸蕨植物直立生长，从而增加了植物体的高度，身高的优势使得这些裸蕨植物很少受到遮挡而充分得到了阳光照射。

此外，裸蕨植物茎的下端也生长出了毛发状的假根结构，它们相对于苔藓植物来说更为粗壮，进一步起到了支撑和固定植物体的作用。这也是现今大多数植物进化的结果——更高大的身材加更强壮的根系。

裸蕨是蕨类植物的祖先，同时也是个短命的祖先。它们于泥盆纪风风火火地登陆，而在不久之后的石炭纪突然销声匿迹。石炭纪的地壳运动相当活跃，而在运动的过程之中，各个板块之间难免有些磕磕碰碰——高耸入云的山脉和深不见底的谷地就如此产生了。

突然出现的高山和谷地引起了整个陆地气候的剧变，这场变革触及陆地上所有地区。“爬”上了陆地的脆弱生命们第一次被逼上了“生死线”——要么想方设法生存下去变成“活化石”，要么四仰八叉地躺下被土掩埋，等数亿年后再被挖出来，被陈列在博物馆让人们去瞻仰遗容。裸蕨植物中的三支后裔——石松类、木贼类和真蕨类看起来相当留恋“红尘”，苦苦支撑，终于熬过难关。经过此前的地质活动盛期，大片土地露出海面，陆地面积成倍增加，并且当时气候变得更加温暖、湿润，沼泽遍布，一个生物生长的黄金时代到来了。三支蕨类植物后代也没浪费好时光，在很短的时间内，陆地上出现了森林，而在这大片大片的森林中也孕育了无限的生机。

现存的蕨类植物多数比较矮小，且生活在阴湿的环境中，这并非是盛极一时的蕨类王朝原貌。当时蕨类植物的三大家族中的两支——石松类和真蕨类各自演化出一些巨型品种，比如石松类的鳞木和封印木以及真蕨类的树蕨。

鳞木高三四十米，树身直径 2 米；芦木生长在沼泽里，高度与鳞木不相上下，树干直径也可达 1 米；树蕨虽然高度较低，仅有十几米，然而它凭借更大的叶片面积以及更高叶片密度获取了更多的光能，因而在诸多蕨类植物中脱颖而出，成为了主要物种。而这些高大的蕨类植物因为其出众的高度成功遮蔽了一些矮小植物而独享阳光。矮小植物自然缺乏日光照射，因而植株的数量及高度呈现出了严重的两极分化。

←如今生活在阴湿环境中的身形低矮的蕨类

↑生活在当今世界的绿色精灵——蕨类 ①溪洞碗蕨 ②松叶蕨 ③肾蕨 ④荚果蕨

↑已经灭绝的蕨类植物鳞木复原图，这时的蕨类植物已经进化出了叶系统。

而当时植株高度较高的裸子和蕨类植物也就成为了众多陆生植物中的优势物种。让我们想象一下当时的情景：广大的陆地被茂密的蕨类森林覆盖，其中逡巡着各种各样的巨型爬行动物。当时的地球，海洋如蓝宝石一般蓝，环境毫无污染，气候宜人，而生物的数量和种类也在如此优越的环境中攀上了一个高峰。然而，盛极必衰，这条横亘万古的真理再次站出来现身说法。

恐龙灭绝的原因直到今天还在被人们争论。陨星撞地说、外星生物屠杀说、气候剧变说……每个学说的拥护者都能罗列出若干多理由来支持自己的观点：6500万年前发现的巨型陨石坑、大面积大密度恐龙化石分布的发现……诸如此类的线索层出不穷。然而最为科学家们所认同的还是食源断绝说。

←→芦木属植物的化石

高大挺拔的封印木

根据地质学家的考证，二叠纪末期，地质活动又一次进入了频繁期。地形和气候再次剧变，蕨类植物的黄金时期逐渐地走向了终点。频繁的地震和温度的骤升骤降致使绝大部分的高大蕨类植物倒下，并且从此无法再生。以蕨类为主要食物的恐龙也就从此断了粮食，植食恐龙纷纷倒下，而肉食恐龙的处境也很不乐观。这时虽然已经出现了小型哺乳动物，但是它们行动敏捷，远非巨兽们能比拟，根本不可能被体形庞大的恐龙抓住。

→高大的蕨类植物倒下后，它们的遗体被掩埋在地下，经过千百万年的转化成为了今天的煤矿。

↓一个巨兽的时代神秘地戛然而止，它们庞大的身躯成了人们今天不断探索、研究的实验材料。

经过了石炭纪和二叠纪两次地质活动剧变期的地球也出现了更多的生物，这些生物已经不像之前的恐龙或蕨类植物那么高大，而纷纷向小型化发展。地理与气候的复杂演变也使得植物和动物种类有了更大的飞跃。植食性动物可选择的食物大大丰富了，生活条件的改善让这些动物生存能力更强，而肉食动物也就相应得到了稳定的食源。现在看来，经过两次地质剧变之后，地球生物圈的承受能力得到极大的增强，很难再因为环境剧变而全体灭绝。

灭绝的蕨类植物遗体形成了煤层，为我们留下了保贵的资源，随着小型生物的出现，一个更为辉煌的时代在地球上开始了——现代地球的大幕被缓缓拉起。

桫椤——佛祖圆寂处

↑藏传佛教中的铜鎏金释迦牟尼坐像

古时的印度有一条河，名叫希拉尼耶底河。据说河两岸郁郁葱葱，水草肥美，其中珍禽异兽数不胜数。一日，远方缓步走来一个年老的僧人。此人八十上下，身着袈裟，手捧佛珠，慈眉善目，行走似慢实快，隐闻风雷之声，众鸟兽神情惶恐，纷纷摘下果子、香蕉向老人进贡。此人正是佛祖释迦牟尼。

佛祖跋山涉水来到该地后，先前的暑热顿时一扫而空。心旷神怡之时开始打量起两岸景致，连连暗叹此地风光旖旎，确是人间仙境。忽而有两棵桫椤树映入眼帘，于是来到这两棵桫椤树之间，头向北，面向西，头枕右手，右侧卧在僧袈上，随后涅槃升天了。从此之后，佛家将桫椤树列为神圣之物。

两亿多年前，桫椤是植食恐龙们争食的蕨类植物。到二叠纪末期，地质活动突然频繁起来，地球上发生了天翻地覆的变化。一夜之间便从海面下升起高耸入云的山脉，与此同时原有的险峰也眨眼间成为了谷地。祸不单行，接踵而来的是第四纪冰川爆发、气温骤降等一系列变化。

经过自然界的剧变之后，两类生物存活下来：一类是能够耐寒且能量需求小的动物和植物，它们能够在严酷的自然环境中苟活下去；另一类是身处极度优越的环境中——就是指极少受到地质活动的影响，温度湿度都很适宜的桃源仙境的生物。现在我们所看到的桫椤就很可能在数千万年前栖身于这样一片仙境中，丝毫不受外界严酷自然条件的影响而一直存活至今。

←森林中的桫椤，其大大的树冠宛如伞盖一般。

桫椤也称“刺桫椤”、“树蕨”，桫椤的外形很有特点，它的枝干直立，高度为3~8米，树干的直径为10~20厘米，在树干上部可见一些残存的叶柄，它们向下弯曲生长，后密集地交织成类似于根状的结构用来吸收养分，好像是树干顶部向下伸出无数条吸管一样。

↑寒冷的冰河时代也许到处都是这样的冰雪景象。桫椤这种热带植物居然能挺过席卷全球数千年的冰川期，不能不说是大自然的一大奇迹。

桫椤的树冠乍一看去很像是辐射状的主枝从树干顶部伸出，主枝两侧对称地长满了侧枝，侧枝的两侧上又对称生出次一级的侧枝，而次一级侧枝上则对称生长着极小的叶片。这些极小的叶片组成了如羽毛的样子，这样的叶片生长方式在植物学上被称为“羽状复叶”。而实际上并不是这样。桫椤的叶很独特，为大型叶，并且为羽状深裂，简单说来，就是主枝、侧枝、小叶都包含在一大片叶里，而这一大片叶子会沿着一定的规律自行开裂，最后形成像羽状复叶一样的结构。我们把这样的叶结构称为“羽状深裂”。在茎端和拳卷叶以及叶柄的基部密被鳞片和糠秕状鳞毛，鳞片暗棕色，有光泽。桫椤的近小羽轴处着生着多数的孢子囊。

↓桫椤的叶片长达1~3米

桫椤卷曲的幼叶

从远处看去，桫椤就像一把大伞，而从顶部看去，由于桫椤的叶呈辐射状发散，因此整个树冠呈圆形。估计即使隔着几千米远也能毫不费力地辨认出来，看来当年释迦牟尼挑选圆寂之处时还是经过一番考虑的。桫椤，这唯一的木本蕨类，外形如此独特，身份如此尊崇，在它脚下圆寂也算是自身地位、品味的体现了。

桫椤为半阴性树种，喜温暖潮湿气候，常生长在山谷溪边林下。它生长缓慢，生殖周期较长，生长和繁殖后代都需要温和而湿润的环境。由于森林植被覆盖面积缩小，现存分布区的气候日趋干燥，加之桫椤的茎干可作药用，常被人砍伐，植株日益减少，有的分布点已经难觅桫椤踪影。现在桫椤已被我国列为国家一级保护物种，如果不加强保护，终有一日，桫椤也将会“绝灭”在我们人类手里。

←桫椤树的真面目

第5章 裸子植物——种子植物先驱者

在有机物被赋予了生命，成为了细胞之时，它们同时也被剥夺了不朽的权利，衰亡对于每个生命体都是必然的过程。既然单个生物无法永生，那么繁殖后代便成为了延续种族的唯一方式。想在地球史上留下点痕迹，怎样更好地繁衍后代就成为了生物们面临的一个首要的问题。

生命的延续方式——有性与无性

最原始的单细胞生命采用了“分身术”来制造下一代。首先，它们体内的遗传物质会加倍，之后平分到细胞两侧，最后细胞从中间一分为二，成为了两个新生命，遗传物质也平分到了两个细胞中，这两个细胞无论外形和内部组成基本都与原来的细胞没什么区别。我们称这种生殖方式为分裂生殖。

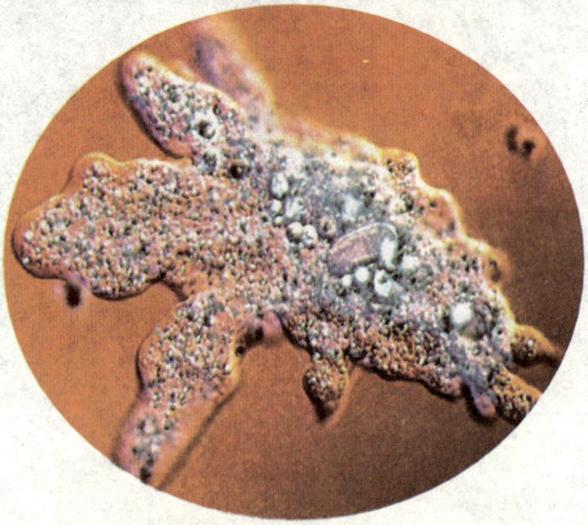

↑单细胞生物——变形虫

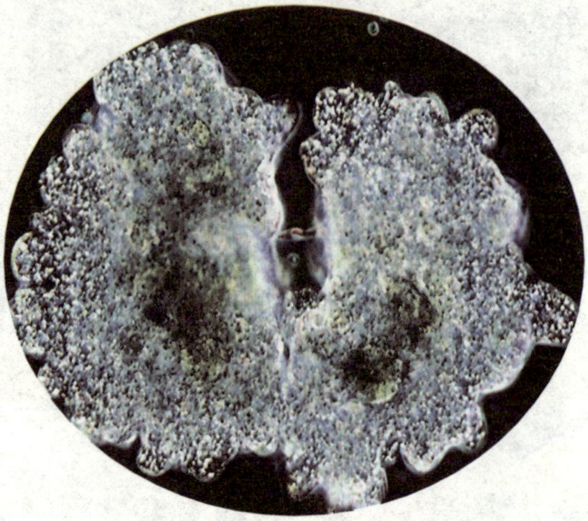

↑正在分裂的变形虫

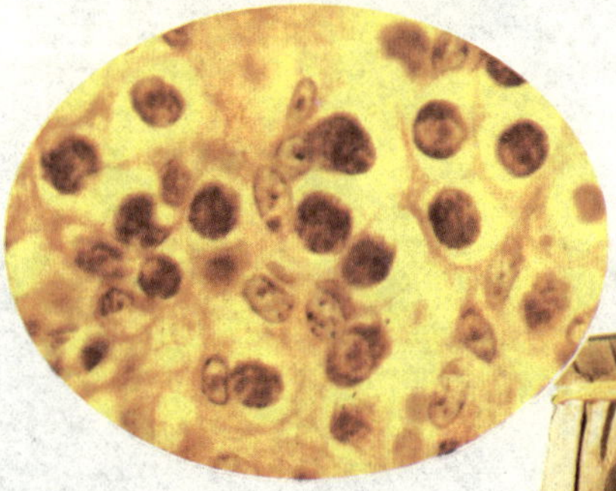

↑电子显微镜下正在分裂的细胞

分裂生殖属于生物体无性繁殖中的一种，它的过程简单，对细胞的结构复杂程度要求也很低。由于地球的原始生存环境相当恶劣，结构复杂的细胞在当时的环境中根本无法生存，分裂生殖就成为了当时一个简单高效的繁殖方式。虽然通过分裂生殖产生的后代会一成不变地延续上一代的所有生活方式，但这种保守的态度至少能保证整个种族在恶劣环境中的存活。变形虫、眼虫藻等就是采用这种生殖方式。

→组织培养技术就是利用植物细胞具有再生能力的特点，把植物生长旺盛部位的细胞取下再培养为完整的植株。

此外，营养生殖、出芽生殖和孢子生殖等都属于无性生殖。现存的许多生物还在延续着无性生殖的方式，而一些有性生殖的生物在特定条件下也能够以无性生殖的方式繁衍后代。植物界中的大部分成员都保持了无性生殖的特性，构成它们身体的任何一个单独细胞都拥有再生为完整植株的能力，现代植物研究中广泛运用的组织培养技术就是利用了植物的这一特点。

然而，动物们却失去了这种强大的能力，直接导致它们更容易受到伤害。如果人们的肢体或器官因事故而受到伤害后能够再生，那将是一件多么伟大与幸福的事。

那么，为什么植物可以再生，而动物却不能呢？

这是因为植物体的结构简单，身体远没有动物的器官那么复杂，每个细胞中都含有这种植物的所有遗传信息，而且这些遗传信息都能够自然表达。这就使植物细胞具有了高度的再生长能力，一旦它脆弱身体的任何一部分受到损伤后都可以轻松地再生。不过，植物为此也付出了沉痛的代价——永远停留在低级阶段。

↑如果动物细胞也有全能型，那么这种奇形怪状的东西也就有可能产生了。

虽然动物细胞也含有所有的遗传信息，但是这些遗传信息却因细胞功能的不同而有选择性地进行蛋白质合成，进而进行器官的合成。比如，肝细胞只会指导肝脏的构建，而不会长成胃。正是由于这种特殊部位的细胞专门化，动物才不可能让每个细胞中的基因都完全表达，不然每个器官的独特作用就无法体现出来。

生命的演化其实就是一个生命体基因变异的过程。基因控制着生物体的外形与内部构造，因而基因的变异直接影响着生物体的生活方式。

在一些极端环境中，比如强辐射、高温或非正常的细胞增殖过程中，基因都可能发生变化。有的基因变化可能将生物体置于死地，有的却可能帮助生命体改造结构以避免一些极端环境对其身体造成的伤害。

↑基因，这种神秘的遗传物质，让人们对于探索人类的起源和去向充满了向往。

单个生物体产生基因突变的概率毕竟有限，在有性生殖产生以前，子代的基因只是来自上一辈单个个体，有利基因的积累完全是一脉相承的，速度相当慢；有性生殖出现之后，子代的基因就同时来自父本和母本两个不同的个体，不同生物为抵抗不同恶劣环境而产生的基因变异则有机会混合于他们的子孙身上。如此一来，生物体经过自然选择产生出来的一些有利基因就在有性生殖产生之后，以成倍的速度向后代传递，这对于后代有着极为重大的意义。

物种新纪元——有性生殖

在裸子植物出现之前，分裂生殖与孢子生殖仍然是植物所采用的主要生殖方式，两种生殖方式均不能离开水环境进行，并且新个体在还是一个弱小孢子的时候就已经被放置于自然环境中了，处于自生自灭的境地中，母体并不能对后代进行任何保护。

↑葫芦藓着生在顶部的孢子囊

裸子植物的受精过程脱离了水环境，通过风力来传播雄性花粉。雌花受精后，随即发育成种子，使下一代幼小的生命体在形成时期就得到母体充分的滋养。种子成熟后再脱离母体，通过种翅等构造由风向四处传播，靠坚硬的种皮在干燥寒冷的环境中生存。后代刚刚形成就得到了很完美的保护，从而大大提高了裸子植物的存活率。

裸子植物起源于古生代，繁盛于中生代，曾经与巨型的蕨类植物和恐龙共同生活在地球上。在晚二叠世的全球性剧烈地质活动以及随后到来的数次冰川期侵袭中，恐龙与高大的蕨类植物携手退出了历史舞台，而裸子植物凭借自身特有的一些优势存活了下来。它们已经进化出了木质部与韧皮部，这些都是密集的导管系统，不仅能够运输营养，同时还有很高的硬度与韧性，使其有可能承受剧烈的冲击及震动。它们的叶通常为针形或密集层叠的小型鳞片状，因此在冰川期寒冷干燥的环境之中具有极强的耐寒性。而且这种叶片结构最大限度地保持水分蒸发与光合作用之间的平衡，能够保存少得可怜的水分，从而使植物挺过长达千余年的寒冬。

相对于被子植物来说，裸子植物虽然同样是种子植物，但种子外部并没有被子植物的特有结构——果皮以及果肉的包裹，而是裸露在外，因而得名“裸子植物”。

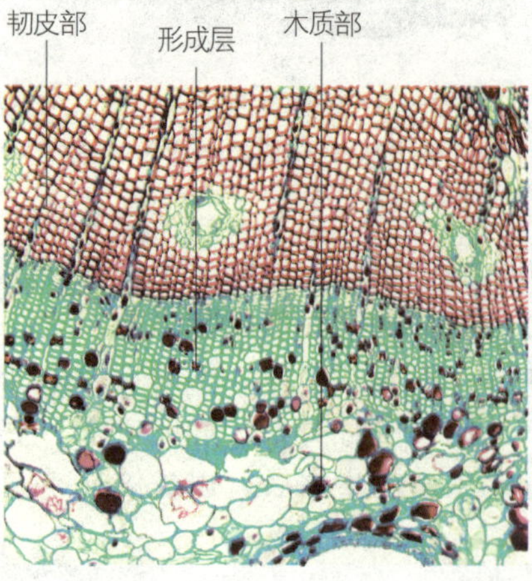

←植物的木质部和韧皮部

但我们需要认识到的是，裸子植物真正为人所重视的地方其实并非它的学术研究价值，而是它本身所蕴含的巨大经济价值。历经数次世界末日的裸子植物现在又一次受到了人类的威胁。因为，裸子植物中的许多品种是重要的林木，尤其在北半球，森林中80%以上的植物都是裸子植物。优良的质地使得它们被广泛运用于建筑、车船、造纸工业中，一些利欲熏心的人们完全忽略了森林自身的生产能力，大肆砍伐。现在，大约每过一分钟就有0.3平方千米的森林消失，一年累计约有16万平方千米的森林被人类消耗掉。依照我们现在对木材的消耗速度计算，百年之内，世界森林资源就将告罄。

↑相信经过人类的努力，这样的郁郁葱茏一定会常留人间。

我们不得不首先为人类巨大的破坏力咋舌，再为那无数棵变为人类口中“有用之材”的树木哀悼。人类在拥有了思考和创造能力的同时，又用这天赋不断挤压着其他生物的生存空间。然而，当其他物种消亡殆尽的时候，人类又能去往何处呢？那一天也许就是人类灭绝的日子。这个冰冷而遥远的未来并不一定会发生，只要我们与自然界和谐共处，在大自然的再造能力之内合理地开发、利用资源，我们的世界仍然会是丰富多彩的。

人类最为急需的其实就是找到一个方法，一个能减小人类破坏速度与自然界恢复速度之间差值的方法——森林的保护其实就是减少这个差值的有效手段（森林保护的连带效应）。

↑裸子植物的种子通常裸露在外，这也是它们得名的原因。

松、柏、杉——从远古走来的巨人

裸子植物因为它的特殊器官结构具有很强的耐力，因而能够挺过长达数千年的冰川期。不过因为这些特殊结构，它们也就注定不可能像被子植物那样有那么多的种类。

↑这种被称为“世界爷”的杉科植物已经在地球上生存了数亿年。

裸子植物门中共有大约800种植物，分属于4个纲，即苏铁纲、银杏纲、松杉纲和盖子植物纲。其中松杉纲是裸子植物门中最大的一纲，它拥有整个裸子植物门一半以上的植物，共计600多种。

松树傲骨峥嵘，柏树庄重肃穆，且二者均四季常青，历严冬而不衰。《论语》中就有“岁寒然后知松柏之后凋也”。因此在我国，松与柏向来被认为是坚强不屈的象征，并与竹、梅一起被称为“岁寒三友”。

松柏泛指的是松科和柏科的植物，它们隶属于松柏目。这一目中还有我们所熟知的杉科植物以及与杉科植物外形很相似的南洋杉科。而松柏目中的这四科植物数量则汇集了松杉纲的绝大部分，共有400多种。

松、柏、杉是人们使用的通俗名称，其中有不少植物由于外形类似而被错认为相同的科，如冷杉、云杉属于松科，但名称上用了杉字，而水松和金松则是杉科植物，这些名称沿用至今已约定俗成。目前各科植物应用的名称常常是混杂的，想要辨别这三科植物只依靠植物名是不够的。而从外形来看，这三科植

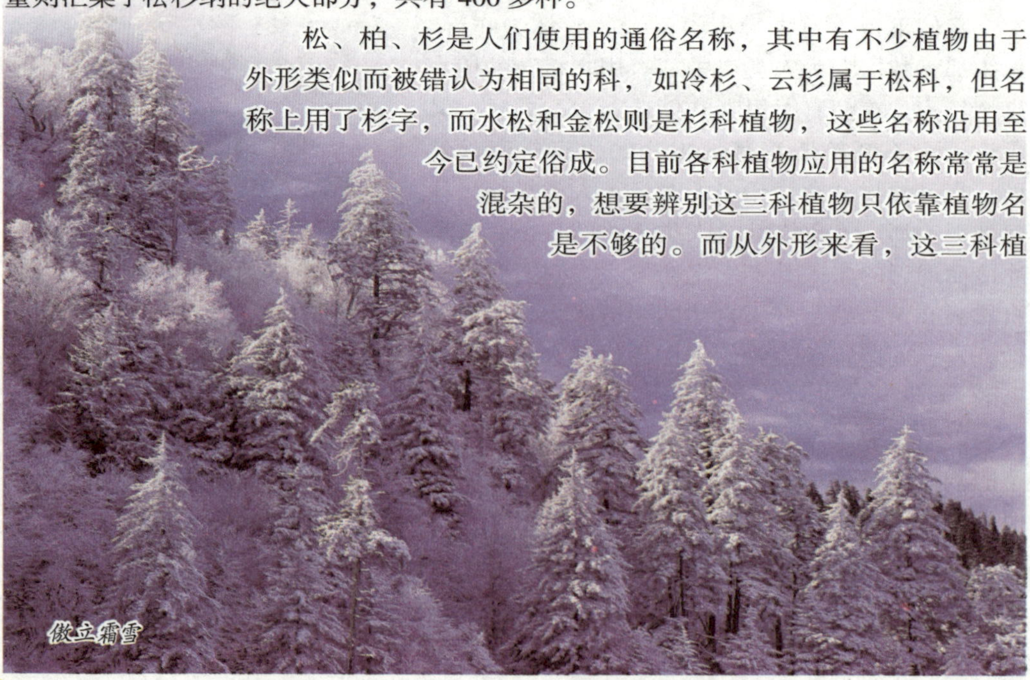

傲立霜雪

物多是植株挺拔，高大参天，想要将这些巨木分门别类，我们就需要研究一下三科植物各自具有的一些特殊结构。

从叶形来说，松科和柏科植物最容易辨认，因为松科是细长的针状叶，且在枝上螺旋状互生，也就是说松枝的每个节上只生有一片叶，而且每根枝条上的叶都呈螺旋状排列。同时，由于松树针叶的尖端十分尖锐，因此摸上去十分扎手。而柏树则是对生或轮生叶，也就是说每节上会着生 2~3 片叶，且叶上多会分布龙鳞状的鳞片。

杉科植物辨认起来要麻烦得多。杉科植物的叶形很多，有披针形、钻形、鳞形或条形，其中披针形和钻形叶同松科叶形十分相似，而鳞形和条形叶则与柏树相似，如果不仔细观察，就会将杉科同其他两科植物混淆。不过同松科相比，杉科植物还是有些细微差别的，那就是杉科植物的披针形叶会比松科的针形叶稍宽一些。

杉科和柏科植物相比，其中许多种的叶形和叶序已经十分相似，要区分这些种，我们就要从两科植物的球果种鳞与苞鳞联合的紧密程度来判别了，其中杉科植物球果由于种鳞同苞鳞是半合生式，因此较易被掰开。而柏科植物由于种鳞和苞鳞采取全合生方式，因此想要掰开柏科植物的球果会比杉科植物困难得多。

松科共 10 属约 230 种，主产于北半球，为森林的主要树种，亦是重要的造林树种，如松属、云杉属、落叶松属、冷杉属、铁杉属和黄杉属。中国是松科属种最多的国家，10 属均产，其中银杉和金钱松为特有的单种属植物，油杉属也主产于中国。

松科植物最早的化石出现在中生代早侏罗世，白垩纪后属种增加。第四纪随全球性气候变化，其种类、数量和分布范围均有变化，繁衍至今，形成了现代的分布格局。迄今在北半球的地层中已经发现了现存属以及绝灭属的各种化石。

↑松科植物的叶和它的雄花

↓柏科植物的叶和它的球果

↑↓杉科植物的叶形多样，不仔细辨别很容易与松科或柏科植物混淆。

在生活中，我们最常见的就是松属植物，在全世界有100多种，全是阳性速生树种，除幼苗期间需要些庇荫外，在生长期都喜欢光照和肥沃湿润的土壤。著名的品种有华山松、油松、白皮松、马尾松、巴山松、杜松、华北落叶松、雪松、云南松、樟子松、湿地松、火炬松等，其中最负盛名的要数那幅苍松迎客图中的华山松了。华山松又名为白松、五须松，在秦巴山区、渭北一些山区丘陵都可栽植，这种松树对土壤适应性强，但对土壤水分要求较严格。华山松较能耐寒，在-7~10℃的低温下能正常生长，在-31℃的低温下也可生长，因此在华山绝顶上一年四季都有苍翠的松树迎客了。华山松树形高大、针叶苍翠、球果累累，是庭园绿化观赏树种和营养丰富的干果树种。

↑（左）云杉的雄花（右）和云杉的雌花。云杉虽然用了“杉”作名字，但它实际上属于松科。

杉科植物，10属，仅16种，分布于北温带。我国有9属，14种，其中杉木属的杉木在我国中部、南部、西南部广为栽培，为重要造林树种。杉科植物为常绿或落叶乔木。叶披针形、钻形、鳞片状或线形，螺旋状排列，极少交互对生（水杉属除外）。杉树的球状花为单性，雌雄同株。雄球花小，单生或簇生枝顶或排成圆锥状花序，雄蕊具2~9个花药，花粉无气囊；雌球花珠鳞和苞鳞合生，每珠鳞腹面有2~9个直立或倒生胚珠。杉科植物的球果当年成熟、开裂，木质或革质，种子有窄翅。

←黄山玉屏峰前仪态优雅的迎客松

柏科共22属，约150种，分布南北两半球。我国有9属，44种7变种，广布全国。

柏树斗寒傲雪、坚毅挺拔，乃百木之长，向来被视为正气、高尚、长寿、不朽的象征。柏在国外是悲哀和哀悼的情感载体，所以柏树总是出现在墓地。古罗马的棺木通常用柏木制成，希腊人和罗马人习惯将柏枝放入死者的灵柩。而中国人在死者的坟上及坟地栽柏是寄托一种让死者“长眠不休”的愿望。

↑杉科植物的叶及球果

柏树的学名源于希腊语，据希腊神话载，有一名叫赛帕里西亚斯的少年，爱好骑马和狩猎，一次狩猎时误将神鹿射死，悲恸欲绝。于是爱神厄洛斯建议宙斯将赛帕里西亚斯变成柏树，既不让他死，又让他终身悲哀，柏树的名字即从少年的名字演变而来，柏树于是也就成了悲哀和哀悼的象征。

↑水杉的叶

←中国邮政发行的水杉纪念邮票

→植物界“活化石”——挺拔的水杉

国子监内的千年古柏

杉科植物中的水杉是世界上珍稀的孑遗植物。是我国特有的“活化石”植物之一，是水杉属稀有植物。远在中生代白垩纪，地球上就已出现水杉类植物，并广泛分布于北半球。第四纪冰川后，这类植物几乎全部绝迹。在欧洲、北美和东亚，从上白垩世至上新统的地层中均发现过水杉化石。水杉对于古植物、古气候、古地理和地质学以及裸子植物系统发育的研究均有重要的意义。另外，水杉树形优美，树干高大通直，生长迅速，是亚热带地区平原绿化的优良树种，也是速生用材树种。

柏树是柏科植物的通称，这科植物为常绿乔木或灌木。叶小，鳞形或刺形，在枝上交叉对生或 3~4 枚轮生，有时在一株树上兼有鳞叶和刺叶。球花单性，雌雄同株或异株，单生于枝顶或叶腋。球果球形，成熟开裂或肉质合生成浆果状，发育种鳞有 1 至多个种子，种子周围具窄翅或无翅。

木材具树脂细胞，无树脂道，纹理直或斜，结构细密，材质好，坚韧耐用，有香气，可供建筑、桥梁、舟车、器具、文具、家具等用材；叶可提取芳香油，树皮可制栲胶。多数种类在造林、固沙及水土保持方面占有重要地位。此外，本科植物中的翠柏、红桧、岷江柏木、巨柏、福建柏、朝鲜崖柏、崖柏等已被列为我国珍稀濒危保护植物。

↑柏科植物的叶及球果

银杏——深秋的金色活化石

↑如扇般美丽的银杏叶，秋风里翩然起舞时，仿若一个个远古的精灵。

江苏泰州一带古时流传着一句俗语：“金姜堰，银曲塘。”意思是说，姜堰是“流金”之地，而曲塘是“汇银”之所。

从前，曲塘有个都天庙，相传始建于唐末宋初，供奉的是“蛮张”老爷。这个“蛮张”可不是三国时候的张飞，而是唐朝名将薛仁贵的部属张巡，他随薛仁贵东征时不幸战死，因其生前说话有点“蛮”、带兵不扰民，被当地百姓尊为“蛮张”老爷，供以香火。然而也有人说是“抹脏”老爷，这“抹脏”老爷也有来头，根据《曲塘镇志》记载，“安史之乱”中，大战安禄山的唐玄宗名将张巡不幸为国捐躯。据说这张巡有特异功能，但凡有毒的东西经他一摆弄就没毒了，当年安禄山攻城，他坚守数月，靠这本事救活了不少人。老百姓得救后没有忘记张巡大人的好处，纷纷磕头拜谢，尊他为“活菩萨”。因为是他让有毒变没毒，“脏东西”也变得好吃了，所以有些调皮的村民便顺口叫他“抹脏”老爷，供在曲塘都天庙里。

←张巡塑像

都天庙也被当地人称为玄帝庙，占地很大，颇具规模，有山门，有戏台楼。正中是都天宫(也称大雄宝殿)，东侧为玄帝庙、魁星阁；西侧为娘娘楼。在大雄宝殿前有棵老银杏树。如今都天庙早因风吹雨打而破败了，但是庙里的那棵老银杏树却依然枝繁叶茂。这株古银杏树高20多米，胸径达到了1.6米，老干新枝，苍劲古朴，像棵巨大的树桩盆景兀立在原处。据《曲塘镇志》记载，这棵古银杏已经有1000余年的历史了，历经4个朝代，仍然健在。

→这株千年古银杏树要几个人才能合抱。

其实这棵千年古树在银杏家族里面也不过是个小青年而已。银杏是有名的长寿树，在我国，已经发现了树龄达 3000 年以上的银杏。3000 年前的世界正发生些什么事情呢？在爱琴海上，波斯人正在对希腊发起最后的攻势，显赫一时的希腊正处于风雨飘摇之中；在中国，武王姬发也在囤积兵力，准备对商都朝歌发起冲锋。这些银杏树从那时便存在于世，经历了多少风雨！如果其中哪棵一不小心，机缘巧合之下通了灵，成了精，会了人言，想来会给我们讲述不少惊心动魄的故事吧。

↓银杏林中欲飞的中华龙鸟

（图片选自航空工业出版社《恐龙真相》）

不止活得久，银杏的血统也相当古老，现在发掘出的最古老银杏化石经过同位素测定，已追溯到了 3.45 亿年前的石炭纪。银杏曾广泛分布于北半球的欧、亚、美洲，与动物界的恐龙一样称霸于世，至 160 万年前，发生了第四纪冰川运动，地球骤冷，绝大多数银杏类植物不幸灭绝，唯有我国自然条件优越，它们才得以奇迹般地存活下来。所以，科学家称它为“活化石”、“植物界的大熊猫”。

银杏也称“白果树”、“公孙树”，属银杏科，落叶乔木。银杏的植株通常比较高大，高可达 40 米。银杏叶的叶柄细且长，通常 3~5 枚叶集中生长在一根短枝上。银杏的叶形独特，外观呈扇形，两面淡绿色，在宽阔的顶缘多少具缺刻或 2 裂，宽 5~8 厘米。每逢秋天，叶片变得金黄，远远望去，枝繁叶茂的银杏在秋日的暖阳中闪耀着金光，令秋天更不负“金秋”的美名。

银杏的果实被称为白果，我们不难发现，每逢秋天，有的银杏树上白果累累，而有的银杏树则是枝繁叶茂。原来，银杏树也分雌雄，它们属于雌雄异株的植物。有时我们会看到银杏的主人或是园林工人会将一些“神奇的”药粉，混到水里，然后喷到树上。其实，“神奇的”药粉就是雄性银杏树的花粉，而混到水里朝树上喷洒就是“人工授精”。只有在人工授精之后，雌性的银杏树才能结出果实来，而这结出的果实就是白果了。

↑这便是有名的白果了。

白果可以食用，但食用过量会导致中毒。银杏的种子呈椭圆形或倒卵形，可以入药，性平，味苦涩，有小毒，具有敛肺定喘的功效，主治痰多喘咳、遗精、带下（以带下量多，或色、质、气味发生异常为主要表现的妇科常见病症）、小便频繁等症。此外，银杏叶也具有重要的药用价值。到目前为止已知其化学成分的银杏叶提取物达 160 余种，经试验对冠心病、心绞痛、脑血管疾病有一定的疗效。由于白果的药用价值，古人认为其可养生延年，因此白果在宋代被列为皇家贡品，日本人也有食白果的习惯，西方人圣诞节也常备白果。但无论是白果还是银杏叶都有轻微的毒性，多食会引起中毒，因此食用时一定要注意方法得当。

龙文小百科

白果、银杏叶泡水能治病吗？

银杏叶和白果是不能用来泡水喝的，因为银杏叶与白果内含有大量的银杏酸，银杏酸是含有毒性的，直接买来的叶子和白果未经过深加工和提取，里面的银杏酸含量相当高，而且银杏酸是水溶性的，泡水不但没有吃到里面的银杏黄酮和银杏内酯等有效物质，还可能中毒。

秋日的色彩

百岁兰——二叶生千年

↑百岁兰是沙漠中的生物之一，如此巨大的百岁兰植株，生活的时间可能已将近千年，真难想象，这么个大家伙居然只有两片叶。

1860年，奥地利植物学家在非洲的安哥拉南部纳米比沙漠中发现了百岁兰这种长相怪异且长寿的奇异植物。

百岁兰是裸子植物门百岁兰科的唯一种类，又称千岁叶、千岁兰，是远古时代遗留下来的一种植物“活化石”，分布于安哥拉及非洲热带东南部，生于气候炎热和极为干旱的多石沙漠、干涸的河床或沿海岸的沙漠上。

百岁兰一生只长两片叶，看上去就像由无数叶片堆出来的一座小山丘，其实，它们只是两片数十米长的叶盘绕堆积而成。百岁兰的叶片从基部生长，这两片从茎顶生出并左右分开的革质叶子，匍匐在地上。叶的基部硬而厚，并不断地生长，梢部软而薄，不断地损坏，叶肉腐烂后，只剩下木质纤维，盘卷弯曲。我们看到的上部深绿色部分是新叶，下部黄褐色的部分就是枯萎的部分。这对叶子通常在百年之内都不会凋谢，这也是这种植物名字的由来。

↑百岁兰基部的生长带

龙文小百科 最宽的百岁兰叶片

百岁兰的叶片一年平均生长13.8厘米，1000年便可生长出长达150米的叶。叶的平均厚度为1.4毫米。据记载，最宽的百岁兰叶子出现在非洲的弗雷其地区，这片叶宽达1.79米，长达6米，其中3.15米还是活的组织。

通常，植物都要落叶，即使是常绿植物也不例外，所谓的“松柏常青，永不凋落”，其实是一种误传，松和柏的树叶只是逐渐更替而已，一部分脱落，一部分在新生，所以人们看到它们总是四季常青。只有百岁兰才是真正意义上的一生不落叶，然而其叶落之日也就是它生命终结之时。至今发现最古老的一株百岁兰，竟达2000岁高龄。

百岁兰为何能够常年都不凋谢呢？这是因为百岁兰叶子的基部，也就是靠近百岁兰茎顶端的分叉处有一条生长带，位于那里的细胞有分生能力，不断产生新的叶片组织，使叶片不停地增长。叶子前端最老，它或因气候干燥而枯死，或因被风沙扑打而断裂，或因衰老而死去，但由于其基部的生长带没有被破坏，损失的部分很快会被新生部分替补，使人们误以为它的叶子既不会衰老，也不会被损伤。其实我们看到的叶片都是比较年轻的，老的早已消失了。真正不老的部位其实只是那一环具有分生能力的细胞，同时这些细胞也在不断地更新。

百岁兰具有极强的抗旱能力，一是由于它的根系极度发达，深度可达 30 米；二是百岁兰生长地通常有海雾出现。和其他大多数植物一样，百岁兰也可通过叶面上的气孔来吸收水分，当雾气出现时，叶面的气孔张开，吸收水分；雾气散去后，气孔随之关闭。虽然大部分凝结在叶面上的水会顺着叶面流入地下，但是植株可以通过气孔直接吸收到其中的一部分。此外，百岁兰的奇特外形也很大限度地帮助植株本身保持了水分。百岁兰的叶形宽且平，平躺在地面上，层层堆积，这些叶片所覆盖下的土壤温度既低且能保持一定的湿度，这可以帮助植物在高达 65℃的地面温度下生存，并有效地防止了风对土壤的侵蚀。即使在强风之下，叶面仍能坚挺不动，防止了沙漠地区肆虐的风沙对植株的过分侵害。

↑百岁兰的雄花

↑可爱的百岁兰幼株

↑百岁兰的雌性球果

百岁兰是雌雄异株植物，雌株有大的雌球果，雄株有雄花，每一雄花有 6 个雄蕊。花粉依靠风传播。一般的雌株可以结 60~100 个雌球果，种子可以达到 10000 粒。但是百岁兰的种子极易受到真菌侵染，只有不到万分之一的种子会发芽并且长大成株。这造成百岁兰的分布范围极其狭窄，只有在西南非洲的狭长近海沙漠才能找到。

↓百岁兰的种子外有带翅的花被状体

←百岁兰的花

第6章 被子植物

——走向繁荣

1879年，达尔文曾经致信他的好友约瑟夫·胡克（英国植物学家，英国皇家植物园“邱园”的第一任园长），在信中他把开花植物的迅速崛起称为一个“讨厌的谜”。这里的开花植物指的就是被子植物。

另外一个同样让达尔文深感头痛的“谜”就是寒武纪的生物大爆发……这两个谜题一同伴随达尔文走完余生，而且一度让达尔文对自己提出的进化论产生了怀疑。

“恼人的”被子植物

- 被子植物的归属
- 植物的智慧

被子植物的归属

↑有花植物的出现，令我们的世界从此更加多姿多彩。

现今，植物界进化程度最高、品种最多的一门便是被子植物门。被子植物的心皮包成子房，胚珠生于子房内，胚乳在受精后始形成，具有真正的花，花的主要部分为雄蕊和雌蕊，此外，还常具有花萼和花冠，花粉粒停留在柱头上，不能直接和胚珠接触。分为双子叶植物纲和单子叶植物纲。据统计，全世界属于这一门的植物有 300 ~ 450 个科，多达 30 万种，大多数科分布在热带，三分之二的种分布于热带或其邻近地区。

纵观被子植物门，我们不禁会惊叹于它的纷繁复杂——从草本到木本，从低矮到高大，从喜阴到向阳，如此截然不同的形态、差异巨大的生活习性居然出现在这同一个门内不同植物体上，着实令植物分类学家们伤透了脑筋。

被子植物是诸多门类植物中最后出现的一个门。在此之前，无论藻类、蕨类还是裸子植物，它们的出现都经过了一个种类由少及多的过程，因此古生物学家们可以在研究过程中清晰地辨别出较为原始和较为进化的种，从而将这些种按照出现的先后顺序排列，将该门类的植物进化顺序详细列表——这对于研究某一门类植物起源和演化有极其重要的意义。然而被子植物成为了一个例外。

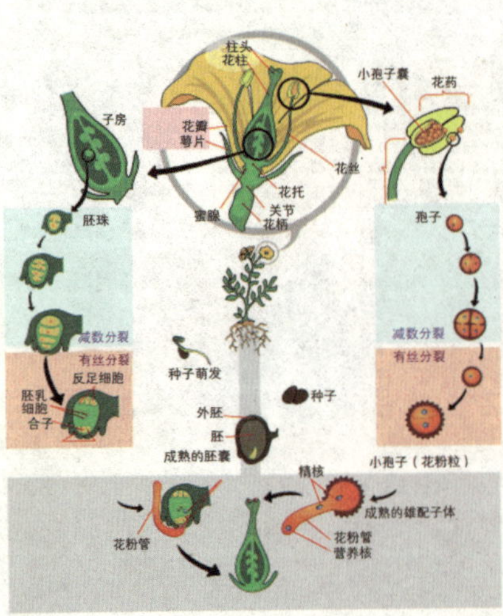

↑被子植物的生活史

达尔文是英国著名的博物学家，他在著作《物种起源》中详细阐述了进化论思想。该书从生物与环境相互作用的观点出发，认为生物的变异、遗传和自然选择作用能导致生物的适应性改变。百余年来这一观点在学术界产生了深远影响，然而达尔文对自己的理论也并非完全没有疑问。

按照进化论的核心思想来说，生命体是在自然条件的影响下，为了适应自然而不断进化的。这是一个生物种类由少及多，从简单向复杂化发展的过程。因而，现在世界上的各种生物，无论牛、马、昆虫，甚至是动物和植物之间都应该有着或亲或疏的联系。而在生物进化的过程中，总会有一些所谓的“过渡型生物”存在，就像现在所公认的鸟类祖先——始祖鸟，或是同时具备动物和植物生活习性的眼虫藻。然而这些所谓的“过渡型生物”并不那么容易发现。

在达尔文生活的年代，孟德尔刚刚开始他的豌豆实验，基因的概念还没有诞生，探究生物间亲缘关系的方式只有通过解剖学对比，或是找到确切的“过渡型生物”或其化石从而加以说明。因为当时的知识及技术水平所限，解剖学的判定经常不能作为标准。而后一种方式看上去则更加难以实行——由于过渡型生物极少被发现，连达尔文也只能将自己的理论留给后人加以证明了。不过随着科技的发展，人们也确实一步步证实了进化论的科学性。

1879 年，达尔文曾经致信他的好友约瑟夫·胡克（英国植物学家，英国皇家植物园“邱园”的第一任园长），在信中他把开花植物的迅速崛起称为一个“讨厌的谜”。这里的开花植物指的就是被子植物。

另外一个同样让达尔文深感头痛的“谜”就是寒武纪的生物大爆发。这两个谜题有着惊人的相似：在寒武纪，生物种类突然增加，通过地质学家和古生物学家的考察，其间并未发现具备此前简单生物特征的过渡型生物。这两个谜题一同伴随着达尔文走完了余生，而且一度让达尔文对自己提出的进化论产生了怀疑。

龙文小百科

什么是“过渡型生物”？

过渡型生物是生物进化过程中的一种“中间产物”。这种生物被夹在两代不同生物之间，在它们身上，既有上一代生物的影子，也有下一代生物的特征，然而这种特殊的生命通常会因为环境变化而灭绝，最终呈现在我们眼前的大多是生物体适应了自然之后的“完美形态”。

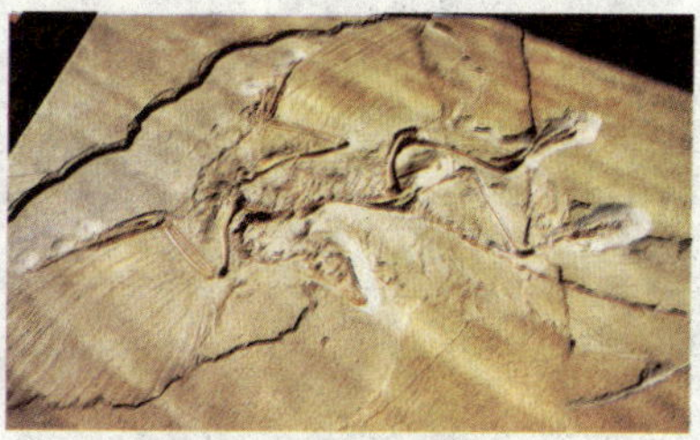

↑最著名的“过渡型生物”之一——始祖鸟的化石

←寒武纪的生命大爆发，其来势之猛令人瞠目。

据文献记载：在距今 1.4 亿年左右的时间，有花植物大面积地出现。要知道，在种类繁多的被子植物出现之前，地球上虽然“绿化度”不低，然而多是品种较单一的裸子植物和蕨类植物以及苔藓植物。令人惊奇的是，在很短的时间内，形态各异的被子植物纷纷亮相，并且在事前没有发出任何“信号”（这里的信号还是指过渡型生物）的情况下占据了“大片江山”。直到今天，古生物学家还在为寻找最原始的被子植物而努力。

这是距今 1.25 亿～1.2 亿年的早白垩世，那是一个裸子植物与苔藓植物繁盛的时代，至于 0.2 亿年后，被子植物是如何出现在了广袤的大地上，实在是一个难解的谜题。

被子植物从哪里来？这个问题在科学界已经被争论了将近 200 年了，直至今日，还是没有一个统一的答案。其间数位著名的植物学家提出了自己的观点，而这些看上去截然不同的观点又各有其可取之处。

以维兰德（G.R.Wieland）为代表的多元论支持者认为被子植物来自许多不相亲的群类，如种子蕨类的苏铁蕨、开通蕨、本内苏铁、银杏、科得狄、松柏类、苏铁……单子叶植物也有多个起源，其中棕榈目是来自种子蕨纲中的髓木类，算起来整个被子植物竟有 20 多个“祖先”。

以哈钦松、塔赫他间、克朗奎斯特为代表的植物学家主张被子植物单元起源论，其理由是：（1）被子植物除了较原始和特化的类群，木质部中均有导管、韧皮部都有筛管和伴胞；（2）雌雄蕊群在花轴上排列的位置固定不变；（3）花药的结构一致，由 4 个花粉囊组成，花粉囊具有纤维层和绒毡层，花粉萌发，产生花粉管和两个精子；（4）雌蕊由子房、花柱、柱头组成，雌配子体仅为 8 核的胚囊；（5）具有“双受精”现象，三倍体的胚乳。

↑植物学家克朗奎斯特

由于以上几条确实是只有被子植物才具有的特点，单元起源论也成为现今大多数科学家所认可的理论。但是，被子植物如确系单元起源，那么它究竟发生于哪一类植物呢？对此，科学家们做了许多推测，比如：藻类、蕨类、松杉目、买麻藤目、本内苏铁目、种子蕨等。

这样一来被子植物的分类又出现了问题，有人说被子植物源于裸子植物，因此应将裸子植物和被子植物一同划归到种子植物的行列中，裸子植物和被子植物则分属两个亚门；也有人说被子植物是由蕨类植物进化出的全新物种，应以单独的一科对待。此外，不同的学者在被子植物中不同科植物出现的先后顺序以及亲缘关系上也存在着不小的争论。

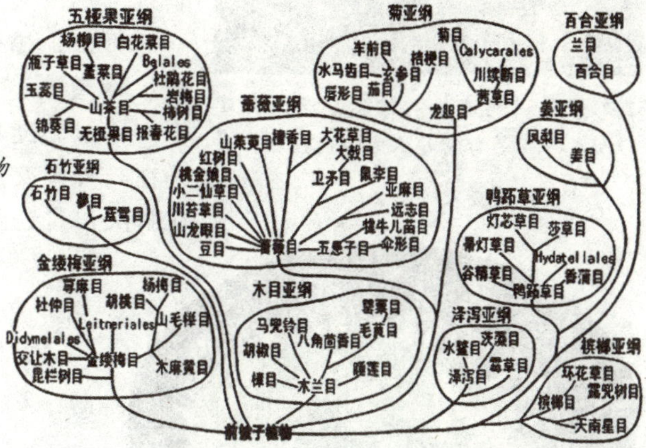

→克朗奎斯特于1981年发表的有花植物亚纲和目的系统关系图

19世纪以来，许多植物分类工作者为建立一个详尽、科学的分类系统付出了巨大努力。他们根据各自的系统发育理论，提出的分类系统已达数十个。但由于有关被子植物起源、演化的知识不足，特别是化石证据不足，直到现在还没有一个比较完善的分类系统。如今，影响较大的被子植物分类系统是恩格勒系统、哈钦松系统、塔赫他间系统和克朗奎斯特系统。目前，克朗奎斯特系统在世界上最为流行，这是美国植物学家克朗奎斯特于1968年在其《有花植物的分类和演化》一书中发表的系统。在1981年修订版中，共有83目，388科，其中双子叶植物64目，318科，单子叶植物19目，65科。而后文我们所介绍的不同科植物也将以克朗奎斯特系统作为分类标准。

植物的智慧

↑形容枯槁的人类？容貌怪异的外星人？抑或是智慧超人的智能植物？

↓它是在防御敌人吗？

在人们的眼中，智慧往往会因其无法眼见、无法抓握而显得玄之又玄，然而，智慧又是可以感知的，于是人们就更加对其有了无限的向往。它让无数天资聪颖、勤奋好学之人趋之若鹜；他们起早贪黑，头悬梁、锥刺股，都希冀得到所谓的大智慧。他们甚至发出诸如“朝闻道，夕死可矣”之类的豪言以表达他们对智慧的渴求。

然而，智慧到底是什么呢？

其实，智慧并非是一个虚化的概念，它是指对事物能够认识、辨析、判断处理和发明创造的能力。

那么，植物是否有智慧呢？也许很多人会想：难道这些自生自灭的家伙们也配拥有智慧么？不过，随着科学的发展，我们发现植物其实是在与外界交流的，不仅仅是交流，它们甚至还在解决自身遇到的一系列问题。

→向日葵因其花盘向着太阳的方向而又常被人们称为“太阳花”。

让我们来看一个生活中最常见的例子。向日葵顾名思义是朝向太阳生长的植物，然而一天之间，太阳的位置是不同的，而向日葵本身也能随着太阳变换的方向而转动。向日葵是如何使它的花盘随时指向太阳的方位呢？

↓植物向光生长是植物体通过对光的感受，从而调节了植物茎部的生长方向。

1880年达尔文在研究植物的向光性时发现，对胚芽鞘单向照光，会引起胚芽鞘的向光性弯曲。切去胚芽鞘的尖端或用不透明的锡箔小帽罩住胚芽鞘，用单侧光照射则不会发生向光性弯曲。因此，达尔文认为胚芽鞘在单侧光下产生了一种向下移动的物质，引起胚芽鞘的背光面和向光面生长速度不同，使胚芽鞘向光弯曲。这就是著名的达尔文向光性实验，这也初步说明了一些植物体会向太阳的方向弯曲的原因。

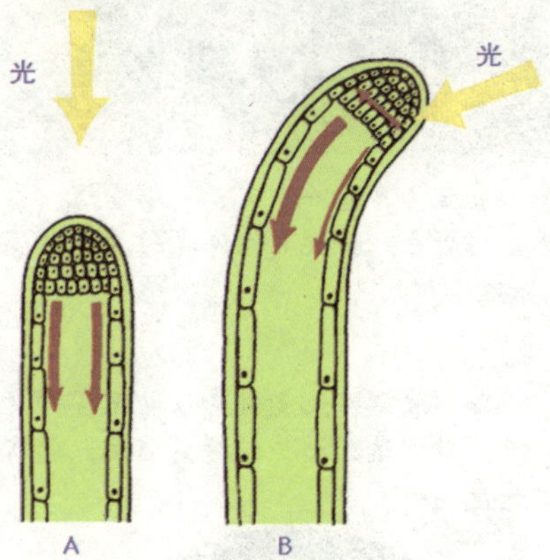

↑植物的向光性实验示意图

到了1928年，荷兰人温特把切下的燕麦胚芽鞘尖放在琼胶块（一种类似于果冻，吸收性好的化学品）上，经过一段时间后，移去胚芽鞘尖把这些琼胶块放置在去尖的胚芽鞘的一边，结果有琼胶的一边生长较快。这个实验证实了胚芽鞘尖端产生的一种物质扩散到琼胶中，再放置于胚芽鞘上时，可向胚芽鞘下部转移，并促进下部生长。后来温特分离出了鞘尖产生的与生长有关的物质，并把这种物质命名为生长素。同时，温特认为生长素在茎部向光面和背光面分布浓度的不均衡造成了这种茎部不等性的生长结果。

不过，按照达尔文和温特的理论来讲，如果植物体内仅有生长素参与了植株生长的话，那么，就有可能会出现不停生长，甚至直达火星的植物，而现实生活中显然没有这样的例子。显然，达尔文和温特的理论是存在漏洞的。

↑荷兰植物学家温特

到了20世纪70年代，人们通过实验发现，在植物茎部参与生长的激素其实还有一种具有抑制植株生长的激素，科学家将这种物质称为抑制素。而植物茎部两侧之所以不均衡生长其实是由这种抑制素浓度控制的。科学家们发现，植物茎部的向光面和背光面生长素浓度差别并不大，只是由于向光面的抑制素浓度大于背光面浓度，因此背光面生长较快，植物体就向日光的方向生长了。

其实植物并非只有向光性，除此之外，植物体还具有向重力性、向水性和向化性，这些特性被统称为植物体的四大向性运动。

植物向性运动是指在外界刺激方向和诱导所产生运动的方向之间有固定关系的运动。同时，向性运动大多是生长性运动，是不可逆的过程。

↑如果植物真能一直生长，那童话《杰克与魔豆》的故事也许真的会成为现实呢。

向性运动是植物体解决自身遇到的问题的过程。这其中包括了植物体感受器对外界刺激的感知、植物体内部激素的分泌运输等复杂过程。其实人在解决问题时也是通过自身的五感感知外界情况，之后再对外界环境做出反应的。只不过，人具有了一个特殊的器官——大脑。大脑是用来记忆各种解决方案，同时将这无数解决方案进行分析并且将之与当前问题关联，最终得到一个最优解决方案，之后再通过大脑协调人体各个器官来执行这条方案；而植物相对于人来说，由于缺少了大脑及随意移动的能力，就无法像人类一样通过多变的方式来处理外界的复杂问题。它只能对几个最关乎自身存亡的因素——光、水以及生长所必需的元素做出一些固定的反应。

↓人脑用来储存大量信息以处理各种情况，越发达的大脑储存量越大，读取速度越快。

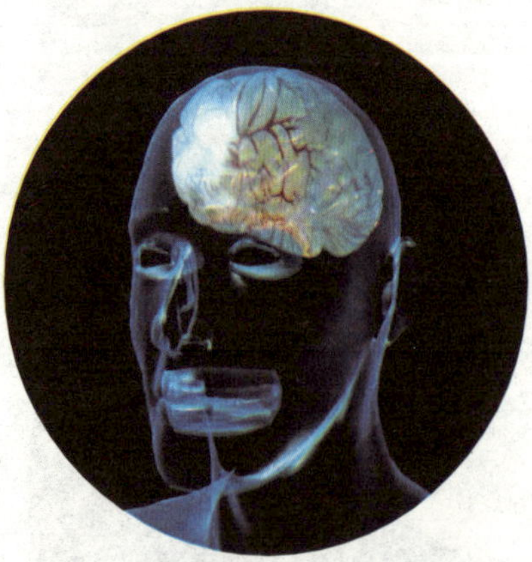

然而，我们并不能够由于植物体的低等而小瞧它们。与人类相比，虽说植物体没有智慧的大脑来协调自身运作以及制定抵抗恶劣环境的计划，然而植物却有我们人类绝不敢奢望的身体结构。植物体是经过至少 25 亿年风雨洗礼走到今天的，比动物出现的时间早了 15 亿年。这 15 亿年的经历让植物体的组织结构高度精简，而历经数次严酷自然环境选择的植物，其族群的再生能力以及抗击天灾的能力更是动物所无法企及的；然而动物则是选择使组织结构高度复杂，让个体具有多种功能，从而抵御外界逆境。用形象的比喻来说，动物是以万变应万变，而植物则是以不变应万变。我们并不能将这两种不同生存方式分出一个高下，毕竟，活到最后才是活得最好。

自然界的舞者——花

- 花的责任
  - 风媒与虫媒
  - “招蜂引蝶”与“拈花惹草”
- 蔷薇科三杰——玫瑰、月季、蔷薇
  - 玫瑰——爱的鲜花
  - 月季——以假乱真的“玫瑰”
  - 蔷薇——蔷薇科中的旺族
- 菊——隐逸之花
- 牡丹和芍药——花王与花相
- 兰花——华夏名花之首
- 木兰——巾帼代言者
- 莲花——佛祖的出水芙蓉
- 樱花——东瀛之魂

花的责任

花，在人类世界是美好的象征，或艳丽或清新的花瓣迎风摇曳，或馥郁或清香的味道弥漫在空气中，带给了人们无数对美好的向往与遐想。在节日里人们会将花环戴在头上用以增添喜庆气氛，在求婚时会将玫瑰递到情人面前以博得爱人的欢心。无数与花有关的词语被用在文章中——花团锦簇、花好月圆、花枝招展……从而为文章添加了一抹抹亮丽的色彩。但是，花自诞生之日起，作为一个植物体新型器官、植物界的一个奇迹、植物进化的一个新高峰，也有它本身的责任。

↑美丽而芳香的花朵被人们赋予了诸多美好的寓意。

花是被子植物繁衍后代的器官。关于花的诞生，植物学界比较一致的观点倾向于将花当作植物体上一个节间缩短的变态短枝；而现在看来，花的各部分从形态、结构来看，具有叶的一般性质。首先提出这一观点的是德国诗人、剧作家与博物学家歌德，他认为花是适合于繁殖作用的变态枝。这一观点得到了化石记录以及很多系统发育与个体发育证据的支持，并且能较好地解释多数被子植物花的结构，因而延用至今。

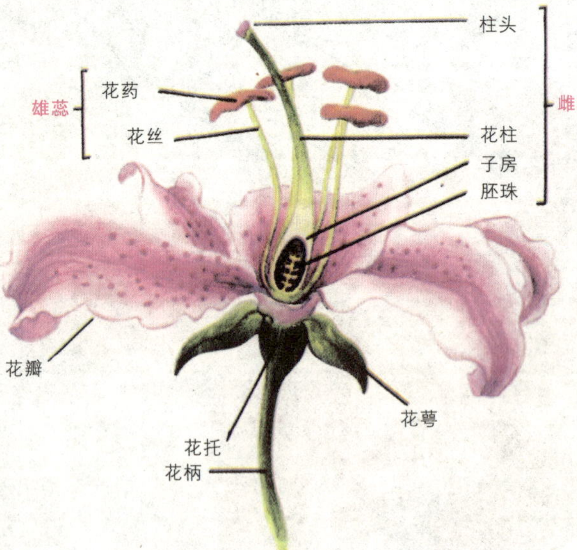

→完全花的结构示意图

↓还处于花苞时期的花似乎更能证明花是由枝条变态生长而来的。

一朵完整的花包括了六个基本部分，即花梗、花托、花萼、花冠、雄蕊群和雌蕊群。其中花梗与花托相当于枝的部分，其余四部分相当于枝上的变态叶，常合称为花部。花部中四部俱全的花称为完全花，缺少其中的任何一部分则称为不完全花。如南瓜花、黄瓜花，它们缺少雄蕊或雌蕊；桑树花、栗树花缺花瓣、雄蕊或雌蕊；杨树花、柳树花缺萼片、花瓣、雄蕊或雌蕊。另外，在一朵花中，雄蕊和雌蕊同时存在的，叫做两性花，如桃、小麦的花；只有雄蕊或只有雌蕊的，叫做单性花，如南瓜、丝瓜的花；雌花和雄花生在同一植株上的，叫做雌雄同株，如玉米；雌花和雄花不生在同一植株上的，叫做雌雄异株，如桑。

↑春天里刚刚发芽的杨树枝条，是花？是叶？

风媒与虫媒

花本身只是植物用来繁衍后代的器官，雄花负责传播花粉，雌花负责接收花粉，孕育后代。

根据进化的观点来看，早期的花其实是植物枝条的一个变态结构，花部部分应该同叶的结构非常相似，它的细胞中应该具有叶绿素，呈现绿色；花粉传播的方式也应该比较原始，是通过风力传播的，这相对于藻类和蕨类等低等植物来说，已经先进不少了。我们称这种利用风力作为传粉媒介的花为风媒花，如玉米和杨树的花。然而风媒的传粉方式却有它自身的缺点。

↑细软而下垂的杨树花序

风媒花一般小而不鲜艳，花被常退化或不存在，也没有香味和蜜腺。但它产生的花粉数量特别多，而且表面光滑，干燥而轻，便于被风吹到相当高与相当远的地方去。

有些风媒花的柱头会分泌黏液，便于粘住飞来的花粉；稻、麦等花的柱头分叉，像两只羽毛，这样可以增加接受花粉的机会；有些花序细软下垂或花丝细长以及花药悬挂花外，随风摆动，这样就有利于花粉从花粉囊里散落出去；有些风媒花的花被退化有利于传粉时减少阻碍；还有些落叶的木本植物，有先花后叶的特性，可使传粉时花粉不受叶片的阻碍。这些，都是风媒花在长期的进化中发展起来的。依靠风力传粉的植物约占有花植物的五分之一，被子植物的杨柳科、禾本科等都是风媒植物。

→这时候，杨絮就准备开始飘飞了。

风，可以说是无处不在，而通过风力传播花粉的植物也就拥有了广大的生存空间。然而风本身并没有生命，它不可能与植物进行类似于“共生”这种生物体间才能进行的高级交流。也就是说，风媒传粉不是一个精密准确的过程，它只是随机地将雄花的花粉传播出去，而不能确保花粉能顺利到达雌花，大多数时候，这些花粉只能随风飘散而已，效率非常低，所以通常风媒植物在地球上覆盖面积可能很大，然而是点状分布的。

蒲公英可算是人们最熟悉不过的典型风媒花了。

表面上看来，花完全没有必要将自己变得如此五彩斑斓，那么是什么原因让花打扮自己的呢?

由于风是自然界最多变的，想靠风精确地把花粉传给雌性花难度也就变得相当大了。于是被子植物们改造了自己的生殖器官，五颜六色、气味芬芳、内藏花蜜的各种花朵产生了。于是，昆虫们因为对颜色、花蜜特别喜爱便勤劳地在这些花上面飞来飞去采集蜜源，花粉也就更加精确地传播于雄蕊和雌蕊之间了。我们将这种靠昆虫传播花粉的植物称为“虫媒传粉植物”。

龙文小百科

风媒花带给人们的困扰

有些风媒花，如杨、柳的花在传粉时会释放大量的花粉，它们的花粉外部生有无数的白毛以增加表面积，从而更容易被风托起，弥散在空中。就是这种很利于它们繁殖的结构与传播方式，却带给了人们很多的困扰：令人过敏、堵塞孔道、污染环境，甚至进入机器内部导致无法正常工作等。

存在于我们周围的那些姹紫嫣红、形态各异的花大多属于虫媒传粉。一般虫媒花多具有美丽的花瓣、发达的蜜腺和较强的香味，花粉有黏液、黏丝、凸起等，这种结构很容易附着在昆虫身体上。

我们一般认为虫媒花是晚于风媒花出现的。由于昆虫是有生命的，所以它们有可能同花达成一种“共生”的默契，此后但凡有花的地方，也大都会有昆虫存在；这样，花儿们就不用为花粉无法传播而发愁，昆虫们也同样不用为自己的“口粮”而四处奔波了。也正由于此，昆虫们为了生计，会勤奋地在花朵间穿梭摄取蜜源，虫媒传粉的效率和精度也就被大大提高了。

然而，作为生命体，就有了体力的限制，昆虫并不可能跨海越洋地长途飞行，它们通常会在一个适合自己生长的地方集中生活，因此虫媒花的分布也通常较为集中，在地球上呈片状分布。

“招蜂引蝶”与“拈花惹草”

↑↓看它的身上，沾满了花粉。

大家都知道“招蜂引蝶”的成语，其意指花朵鲜艳，招引蜜蜂和蝴蝶与它亲近，多用来比喻一些生性风流的人。然而这很可能是我们对花的误会，花朵如此芬芳艳丽还很可能是由于蜜蜂和蝴蝶喜欢“拈花惹草”的原因呢。

花之所以受到昆虫的关注，一是因为花色，二是花香，三是花蜜。花色是因为花被细胞的液泡中具有花青素。花的香气来自薄壁组织中的许多油细胞，油细胞能分泌出有香气的芳香油，芳香油很容易扩散到空气里，当这些芳香油在空气中扩散后，送到我们鼻子里，就会让我们闻到缕缕香气了。而花蜜则是由蜜腺分泌的。这三个特点很可能是原始的花随机进化而来，并非是它们有意而为之。但是这种进化结果受到了昆虫大军热烈的欢迎，而在昆虫大军摄取蜜源的同时，二者间还建立了紧密的合作关系。同时香味越浓、颜色越美的花瓣越受昆虫喜爱，传粉的效率也越高。所以也就有了“争奇斗艳”之说。可以说，花朵的美丽和芬芳完全是由于昆虫有目的地选择的结果。

↑我们虽然是奔着花蜜而来，但同时我们也传播了花粉。

花的真正责任只是用来生育后代，而它的鲜艳也不过是提高繁殖效率的工具而已。不过这个工具的使用的确很见成效。它将原本“粗放式”的风媒方式变成了现在“精细操作”的虫媒方式。可以说，花的产生使得植物体的生活方式更加“经济”和“高效”。

蔷薇科三杰——玫瑰、月季、蔷薇

我们常常用“花海”来形容花园中的花，这些花种类繁多，形态各异，徜徉其中，令人如痴如醉。我们通常将这些种在花园中专门用来观赏的花称为“花卉”，不过花卉所属的科并不多，它们大多集中于被子植物的蔷薇科、菊科、芍药科和兰科四大家族中。玫瑰、月季和蔷薇被称为“蔷薇科三杰”。

↑它们长得太像了！（从左至右：玫瑰、月季、蔷薇）

玫瑰——爱的鲜花

在西方国家，男性表达爱意通常会送对方玫瑰，因为在欧洲现代文明起源地的古希腊和古罗马，玫瑰象征他们的爱神厄洛斯（Eros，也称丘比特）以及美神阿芙洛狄忒（Aphrodite，也称维纳斯）。

传说，众神之王宙斯在厄洛斯诞生之时创造了玫瑰这种植物，一是为了庆祝爱神的诞生，另外也是为了向众神炫耀自己无上的神力以及创造力。原本玫瑰只有白色，但有一次美神阿芙洛狄忒路过玫瑰丛时不小心划破了脚，美神的血液染红了玫瑰，世界上从此也就有了红色的玫瑰。而玫瑰由于有了美神和爱神的灵气而被人们赋予了挚爱与护佑爱人的双重美好含义。

←文艺复兴时期意大利伟大的画家波提切利的名作《维纳斯的诞生》（局部）

玫瑰，又名徘徊花、刺玫花，属于蔷薇科、蔷薇属的落叶灌木。玫瑰本身具有粗壮的主根，枝条直立丛生，植株高可以达到2米。玫瑰的茎部健壮，表面布满了针刺和刚毛，其小枝则密生绒毛。叶为羽状复叶，叶柄有绒毛和刺，小叶5~9枚，叶片呈椭圆形或椭圆状倒卵形，先端急尖或圆钝，边缘有钝锯齿，叶表面呈现深绿色，无毛且有光泽，叶脉向下凹陷，与皱纹很相似，叶背灰绿色，密布细小的灰色绒毛。玫瑰的花或单生或数朵聚生于叶腋，花托平滑，花朵有单瓣、重瓣或半重瓣之分，而花色则有紫红、粉红、白等少数几种色系。玫瑰的花具有浓郁的芳香。花期根据各地气候的不同而异，通常在夏季开放。玫瑰的果实呈扁球形，砖红色。由于玫瑰的花期短，花色单一，除一些植物园和爱好者外，已很少被作为观赏花木栽培了，取而代之的是现代月季。

月季——以假乱真的“玫瑰”

月季属于我国的原生种，早在汉代就已经广泛栽培。18世纪前后传入欧洲，园艺学家用月季与玫瑰、蔷薇反复杂交，逐渐培育出现代月季。现代月季简称月季，它不论在形态或遗传物质结构上，都已经与中国月季差异巨大。1867年培育成功的“天地开”杂种香水月季，是现代月季诞生的标志，该品种由法国人以中国月季与当地的欧洲蔷薇经数代杂交而成。

现代月季为蔷薇科、蔷薇属的落叶或半落叶灌木，主根细弱，须根发达，老干呈现灰褐色，而嫩枝条呈现青绿色，有时新枝甚至呈紫红色。除个别品种外，大部分品种都有皮刺。现代月季的叶为羽状复叶，有卵形或长圆形的小叶，叶数3~5枚，叶片先端有尖，边缘有锯齿，叶两面都无毛，表面为绿色，光滑无皱纹，有光泽，背面稍淡。花少数集成松散的伞房花序，花朵有重瓣和半重瓣，花色则有白、红、粉、黄、紫、绿等多种颜色，有些还具条纹及斑点或复色。香气的浓淡则因品种而异。在适宜条件下全年都可以开

龙文小百科　彼玫瑰非此玫瑰

今天我们常见的那种“玫瑰”并不是真正意义上的玫瑰，它属于月季中的一种，通常被称为“现代月季”。植物学上真正意义上的玫瑰仅仅在夏季开花一次，后来，由于园艺家们通过从各地引入不同的月季种，进行多代杂交后，才培育出了花形与玫瑰相似而花期更长、开花次数更多的“现代月季”。大多数人因为并不清楚“现代月季”的培育史，也就将这种月季称为“玫瑰”了。

↑↓玫瑰（上）与现代月季（下），前者的主茎更加粗壮，且花梗上生有小刺。

花，且部分品种的花期较长。月季的果实为卵圆形或梨形，成熟后外表为红黄色。现代月季大致分为杂种香水月季、丰花月季、壮花月季、微型月季、藤本月季和灌木月季六大类。现代月季广泛用于园林绿化、庭院美化及家庭装饰。

蔷薇——蔷薇科中的旺族

在蔷薇科蔷薇属中，除一些玫瑰和木香花外，大部分品种都可泛称作蔷薇，如黄蔷薇、白蔷薇、野蔷薇、矮蔷薇、香水蔷薇、粉团蔷薇、十姊妹等，种类繁多且变异极大。

蔷薇在世界各地均有栽培，主要产于北半球的温带及亚热带地区，为落叶灌木。蔷薇的植株丛生，蔓延或攀援，小枝细长，茎部常有刺及明显的皮孔组织，无毛。叶互生，奇数羽状复叶，小叶 5~9 枚，倒卵形或椭圆形，先端急尖，边缘

↑→蔷薇一般数朵花聚生在一枝上，且花朵较小，很容易跟玫瑰与月季区分开。

有锐锯齿，两面有短柔毛，叶轴与柄都有短柔毛或腺毛。多花簇生，野生蔷薇为单瓣，也有重瓣栽培品种。每年开花一次，花期 5 ~ 6 月。果近球形，红褐色或紫褐色，径约 6 毫米，光滑无毛。

蔷薇除了可广泛用于观赏外，其花、果、根等还可供药用或制香料。

龙文小百科 蔷薇花语

蔷薇的花语代表美好的爱情和爱的思念。
红蔷薇＝热恋
粉蔷薇＝爱的誓言
白蔷薇＝纯洁的爱情
黄蔷薇＝永恒的微笑
深红蔷薇＝只想和你在一起
粉红蔷薇＝与你一生一世
圣诞蔷薇＝追忆的爱情
野蔷薇＝浪漫的爱情

菊——隐逸之花

↑菊中名品——黄金甲

↑日本皇室的徽标——16瓣菊花

在很多人眼中，樱花是日本的国花，其实，菊花才是日本的国花，也是日本皇室的徽标，樱花是日本民间的国花。在日本，菊花代表长生不老，也是势力、尊严和崇高的象征，因此日本皇室也被称为“菊花皇室”（Chrysanthemum Throne）。

说到这个，在我国民间还有这样一个传说：秦朝时，徐福奉秦始皇之命，率领一艘大船载了3000童男童女，远渡东海寻找长生不老药。为了跟神仙交换仙丹，他们携带了当时最贵重的礼物——金菊花。后来大船遭遇风暴，被冲到了一个无人的荒岛，船上的人们无奈只得留驻在那里，后来又在那里繁衍子孙，并在岛上种下了金菊花，之后那里的人们就自称“日本帝国”，金色的菊花便成了日本皇室的徽标。

不过，有关日本的这则传说流传并不广泛，提起菊花，可能更多人想到的还是陶渊明的千古名句：“采菊东篱下，悠然见南山。”

陶渊明在任彭泽县令时，朝廷派了督邮到彭泽视察。按照当时官场的规矩，县令是要整理好官帽和绶带、备好丰盛的礼物隆重迎接的。在督邮到达前的两天，陶渊明便知道了。陶渊明对妻子说：“这次要来视察的督邮，我早就认识，是个专门欺上压下、拍马逢迎又不学无术的小人。我怎么能为五斗米俸禄，对这样的人折腰？”第二天他便将官印封好，官服留下，和妻子乘船离开彭泽，结束了13年的仕途生活，回到田园，过起“采菊东篱下，悠然见南山”的生活。“不为五斗米折腰”的典故便由此而来。菊花因被陶渊明所钟爱，其本身又常常在秋末开花，独立寒风之中，因此在古代又被称为“节花”，历来被视为孤标亮节、冷傲高洁的士人象征。

→中国第一隐士——陶渊明

菊花为菊科、菊属植物，属于多年生草本植物，品种繁多，是世界著名的观赏植物之一。

↑品种繁多、花型各异、色彩斑斓的菊花，是著名的观赏植物。

菊花植株高可达 30~100 厘米。菊花的茎除崖菊之外多为直立分枝。叶为卵圆形至披针形，边缘有粗大的锯齿或深裂。花呈头状花序形状，通常生长在枝顶或枝腋部位，一般为一朵或数朵簇生。菊花的花色、花序，常因其品种不同而改变，不过花瓣大多为管状或舌状，且色彩丰富，有红、黄、白、墨、紫、绿、橙、粉、棕、雪青、淡绿等，菊花花冠的大小和形状各有不同，有单瓣、重瓣，有扁形、有球形，有长絮、有短絮、有平絮和卷絮，有空心和实心，有挺直的和下垂的，式样繁多，品种复杂。此外，根据花期的早晚，菊花可分为早菊花（9 月开放）、秋菊花（10 ~ 11 月开放）、晚菊花（12 月 ~ 次年元月开放），不过，经过园艺家们对它们进行反复杂交、改变日照条件等栽培干预后，现在也有 5 月开花的五月菊、7 月开花的七月菊等。

龙文小百科 关于菊科植物

菊科是双子叶植物纲菊亚纲最大的一科，也是进化程度比较高的一科。其进化程度较高，主要表现在该科不少种植物都具发达的地下茎，利于进行营养繁殖；而管状与舌状花以及头状花序的构造可以使昆虫十分方便地采集蜜源和花粉，这是对虫媒传粉的高度适应。

↑这种高度离生的花丝便于昆虫采蜜传粉，是被子植物中相当进化的生理结构。

菊科植物的一个重要特征是菊糖完全代替了淀粉作为植物体的营养贮存。同时菊科植物富含倍半萜内酯类，这种化学物质具有强心、抗癌、驱虫、镇痛等作用。因此菊科植物具有良好的药用及经济价值。佩兰、艾纳香、火绒草、天名精、野菊、菊花、青蒿、款冬、千里光、白术、苍术、牛蒡、雪莲花、红花、水飞蓟、蒲公英等300种菊科植物都具药用功能。向日葵、红花是优良油料植物；原产于热带美洲的甜叶菊，因含糖分极高，成为重要的食品工业原料；洋姜的块茎可加工成酱菜，茼蒿是深受人们喜爱的蔬菜；艾纳香，又名冰片草，叶含龙脑等，可提制冰片；除虫菊是重要的杀虫或驱虫植物。此外，菊科中还有许多著名的观赏植物，如菊花、木茼蒿、金盏花等。

牡丹和芍药——花王与花相

↑牡丹花瓣层叠繁复，花朵颜色艳丽，堪称“花之富贵者”。

说起牡丹，似乎就不得不提芍药，而自古也有牡丹为花王、芍药为花相的说法。

牡丹原产于我国西部的秦岭和大巴山一带，现在这一地区尚有野生的单瓣牡丹存在。世界各国种植的牡丹都是从中国引种的。

牡丹是我国传统名花，它端庄妩媚，雍容华贵，色、香、韵兼美。自古以来，牡丹深受众多文人雅士的垂青，许多描绘牡丹的诗句至今仍脍炙人口，唐代诗人白居易曾用“花开花落二十日，一城之人皆若狂”的妙句镌刻出牡丹之天姿国色。而唐朝宫中也十分喜爱牡丹，诗人李正封赞它为“国色”、“天香”。如今，“国色天香”早已成为了一个经典的成语，用于形容那些容貌出众的女子。说来，这还和著名的唐代美女杨贵妃有关呢。

《杨妃外传》中载：在唐代开元年间，宫中刚刚种植的牡丹中有几株或紫红、或浅红、或雪白色，颇为奇异，于是被移植到了兴庆池东沉香亭前。到了第二年百花盛开之时，唐玄宗、杨贵妃和李白一行人来到东沉香亭赏花，同时还召集了宫廷歌班，由李龟年领班为众人奏乐助兴。玄宗忽然说道：“贵妃赏花怎么能用旧乐助兴！”遂命李白当场作词，由李龟年谱曲。闻名于世的《清平调》就这样问世了，李白的这三首《清平调》全是以牡丹为主题，兼之为贵妃所作，自此牡丹便同雍容华贵的杨玉环联系在了一起。在唐代，牡丹也因此而倍受宫廷女子的喜爱。

另据《镜花缘》载，一次武则天因酒醉，诏令百花怒放，没想“时至众花多开，唯牡丹不从”，武则天一怒之下，将所有牡丹贬至洛阳，洛阳因此而成为牡丹之乡。

→唐·周昉《簪花仕女图》(局部)，头上美艳的牡丹更彰显了女子的雍容与华贵。

↑已经瓣化的牡丹雄蕊和雌蕊

牡丹属芍药科，为多年生落叶小灌木。它的植株生长缓慢，株型较小，株高多在 0.5～2 米，枝干直立而脆，从根茎处开始丛生出来数条枝而形成灌木状；牡丹的叶纸质，互生，枝上部常为单叶，小叶片有披针、卵圆、椭圆等形状，叶表面深绿色或黄绿色，背面为灰绿色，质地或光滑或有毛；牡丹的花单生于新枝的枝顶，花两性，大且颜色鲜艳，形美多姿，颜色有白、黄、粉、红、紫红、紫、墨紫、雪青、绿、复色十大色；雌蕊生于肉质的花盘上。牡丹花的雄蕊和雌蕊有瓣化现象，即雄蕊和雌蕊有横向加宽趋势，因而牡丹花瓣的数量就同雄、雌蕊瓣化的程度与品种、栽培环境条件、生长年限等有很大关系。牡丹的根肉质，形状粗而长。牡丹通常结有骨果，呈五角形，每一果结籽 7～13 粒，种籽类圆形，成熟时为蟹黄色，老时变成黑褐色。

↑虽然外形相像，但芍药属草本植物，外形比牡丹略微细弱，也更显示其气质内敛，故有“花相”的称谓。

在英语和其他欧洲语言中，牡丹和芍药是同一个词，而且它们花形、叶片也极为相似。从分类学上看，牡丹和芍药同属于芍药科植物，不过芍药是宿根的草本植物，而牡丹是灌木木本植物，这是它们的主要区别；此外，牡丹大多于 5 月初开花，芍药的花期则要晚一些，且芍药的雌蕊上通常无毛。

芍药原产于我国北部及西伯利亚一带，它的耐寒性更好，在商周时期即被作为观赏植物培育，遍布于中国北方。芍药的根可做药用，不剥皮的为“赤芍”，剥皮的为“白芍”，所以汉语中称其为芍“药”。相对来讲，牡丹栽培的历史较晚，大约在汉代，由于其花似芍药而开始进行人工种植，经过多年培育，在唐朝时已被《神农本草经》誉为花王，当时也叫“木芍药”。牡丹的根皮也能入药，人称“牡丹皮”。

兰花——华夏名花之首

↑姿容秀丽、温婉柔美的兰花

幽兰生前庭，含薰待清风。兰花以其飘逸俊芳、绰约多姿的叶片，高洁淡雅、神韵兼备的花朵，醇正幽远、沁人肺腑的香味，自古以来就深受人们的喜爱，被誉为“花中君子”、“王者之香”。兰花对于中国人来说，还有更为深沉的民族意义。在我国传统植物四君子——梅、兰、竹、菊中，和梅的孤绝、菊的风霜、竹的气节不同，兰花更象征了一个民族内敛的风华，因此，人们尊它为我国名花之首。

兰花属于多年生草本植物。它的根肉质肥大，无根毛，伴有共生菌。兰花具有假鳞茎，假鳞茎外包有叶鞘，常为多个假鳞茎连在一起，成排同时存在。兰花的叶为线形或剑形，质地为革质，兰花的花多数为单生，花梗上生长许多苞片。花属于两性花，具芳香。兰花的花冠由 3 枚萼片与 3 枚花瓣及蕊柱组成。3 枚花瓣中下方居中的一片称唇瓣，是兰花最精彩的部分，也是变化最大的部分，为兰花分种的主要依据。兰花的合蕊柱位于中央，是由雌蕊和雄蕊结合而成，这是兰科植物独有的结构，属于兰科植物的标志。

↑淡雅的兰花内敛而高洁

龙文小百科　兰花与中国的传统文化

在中国传统文化中，养兰、赏兰、绘兰、写兰，一直是人们陶冶情操、修身养性的重要途径，被誉为“国香”、“王者香”的中国兰花成了高雅文化的代表。

人们将兰花的栽培、鉴赏称作“兰艺”。宋代是中国兰花培育的鼎盛时期，有关兰艺的书籍及描述也为数众多。南宋的赵时庚于1233年写成的《金漳兰谱》，可以说是我国保留至今最早一部研究兰花的著作，也是世界上第一部有关兰花的专著。对紫兰（主要是墨兰）和白兰（即素心建兰）的30多个品种的形态特征作了简述，并论及了兰花的品位。1256年，陈景沂所著的《全芳备祖》对兰花的记述已经相当详细，此书全刻本被收藏于日本皇宫厅库，1979年日本将影印本送还我国。

在古代，文人常把美文喻为“兰章”，把真诚的友谊喻为“兰交”，把好友喻为“兰客”。

↑我爱幽兰异众芳，不喜颜色媚春阳。西风寒露森林下，任是无人也自香。

根据兰花的生活习性，一般将兰花分为地生兰、腐生兰和附生兰三类。地生兰最为常见，与其他普通植物一样生长在地面上，有绿色的叶片，可以进行光合作用，靠根系从土壤中吸收水分，这类兰花一般生长在温带和亚热带地区。附生兰附着生长于树干或石上，广布于热带地区，具肥厚且带根被的气生根，根系多裸露于空气中，从空气中吸收水分，因而也成为气生兰。石斛属、贝母兰属及万代兰属等就是比较常见的气生兰。腐生兰则生长在已经死亡并且腐烂的植物体上，从这些残体上汲取营养物质，不能进行光合作用，因而为非绿色植物。

由于地生兰多起源于我国，因而被称为中国兰花，也称“国兰”，在古代则被称为“兰蕙”。正如北宋黄庭坚在《幽芳亭》中对兰花所作的描述：“一干一华而香有余者兰，一干五七华而香不足者蕙。”我国观赏与培植兰花比西方栽培的洋兰要早得多。早在两千多年前的春秋时代，孔子就曾说：“芝兰生幽谷，不以无人而不芳，君子修道立德，不为穷困而改节。”他还将兰称之为“王者之香”，这种比喻一直流传至今。

洋兰则是相对于国兰而言的，泛指除了国兰外的所有兰花，而非全部原产西洋。洋兰常见的有：卡特兰、虎头兰、蝴蝶兰、兜兰、文心兰、万代兰、石斛等。洋兰多为附生，栽培需较高的温度和湿度，是当今世界上非常流行的花卉。

木兰——巾帼代言者

植物界有一目植物，叫做木兰，这种植物似乎与生俱来与女英雄有不解之缘，不少民间传说和历史故事中，或是救民于水火之中，或是身着戎装、纵横疆场的女子都是拿木兰目中的一种植物当作自己的闺名。其中最著名的当属代父从军的花木兰了。

木兰女扮男装，代父从军，征战疆场 12 载，屡建功勋，竟然无人发现她是女子。回朝之后，皇帝将她封为尚书。

↑代父从军的花木兰使得木兰这种花也闻名遐迩。

←木兰科植物的花被完全离生，且单生于枝顶，这是原始被子植物的显著特点。

木兰目是被子植物中的一目，属于被子植物门木兰纲。通过对早白垩世植物化石的研究，人们发现早期被子植物的花粉粒为单沟类型，且叶脉为组织性相对较差的羽状脉序，叶子为全缘单叶，这与木兰目植物的特点相当接近，因而大多数植物学家们认为木兰目植物是被子植物中较为原始的植物，由于木兰纲植物属于双子叶植物，所以植物学家们基于木兰目的原始性也认为单子叶植物是被子植物中较进化的品种，是早期的双子叶植物退化后形成的。木兰目下有林仙科、单心木兰科、瓣蕊花科、帽花木科、木兰藤科、木兰科、囊粉花科、番荔枝科、肉豆蔻科、白樟科等 10 科植物。

↑盛放的木兰科植物——红玉兰

↑娇俏的玉兰花苞

木兰目植物的花多数为虫媒花，花通常单独生长在枝的顶端或腋部，整枝通常呈现为聚伞花序或总状花序。木兰目植物的花被发育良好，具有几乎完全离生的被片，呈各式轮状（常为 3 片）排列或螺旋状排列。此外木兰目的植物具有一个特征：叶部通常生有油细胞，这使得叶子外表看上去光亮干净，油亮的绿叶和美丽的花使得木兰目许多植物看上去格外惹眼。

说起美丽，就不得不提及木兰目中拥有最多观赏植物的木兰科植物，而木兰科植物中最为有名的就是木兰属的玉兰。相传，在很久以前，在一处深山里住着三姐妹：红玉兰、白玉兰和黄玉兰。一天，她们下山游玩经过一个叫张家界的地方，发现那里风景优美却人烟稀少，询问后才得知，原来是秦始皇赶山填海，杀死了龙虾公主，气恼的龙王锁了盐库，张家界人无盐可吃，致使瘟疫频发，许多人因此而丧生。三姐妹决定帮助大家讨盐。然而这谈何容易！在遭到龙王多次拒绝后，三姐妹只得另觅“良策”，她们用自己酿制的花香迷倒了看守盐仓的蟹将军，趁机将盐仓凿穿，使所有的盐都沉入海中。村民得救了，三姐妹却被恼羞成怒的龙王变作了花树。后人为了纪念她们就将那种花树称作“玉兰花”，而她们酿造的花香也变成了她们自己的香味。三位以木兰目植物为名的女英雄诞生了。

玉兰，又名白玉兰、应春花、望春花。属于木兰科木兰属，落叶小乔木，高可达 10 米。枝条呈淡灰色，而嫩枝及芽外披黄色短柔毛。玉兰的叶为倒卵形，叶端尖，叶表面有光泽，背面叶脉上有软毛，淡绿色。玉兰经常在一片绿意盎然中开出大轮的白色花朵，花单独生在枝顶，外形看上去像是一口倒置的大钟，花通常是白色同时伴有清香，花瓣为 9 片且为肉质。因其植株高大，开花位置较高，迎风摇曳时，宛若天女散花般，令人心仪。

玉兰的花瓣中含有芳香油，是提制香精的原料，还可薰茶或食用。它的果实能提炼工业用油，花蕾和树皮可入药。

→新诗已旧不堪闻，江南荒馆隔秋云。多情不改年年色，千古芳心持赠君。

莲花——佛祖的出水芙蓉

宋代思想家周敦颐写过一篇《爱莲说》，分别将牡丹、菊花比喻为世俗中争权夺利之人和厌恶尘世、归隐深山不问世事的隐士，并通过对莲花“出淤泥而不染”的描写，塑造出了一位身处浊世，既不趋炎附势也不一味躲避，而是坚持原则、刚正不阿的君子形象，向人们表达了一种积极的人生态度。现代伟大的文学家朱自清先生的名作《荷塘月色》也同样借荷花表达了自己积极的人生态度和对美好未来的向往，其文字意境之优美，令人过目难忘。

↑一如隐士般清、高、雅的莲花

↓手持莲花、脚踏五彩莲花的众神

在生活中，尤其是在盛行佛教的国度中，莲花还作为释迦牟尼和观世音菩萨等佛教高层人物的“御座”而被人们所熟知。在佛经中提到：释迦牟尼降生之前，皇宫御苑中曾出现了八种瑞相，百鸟群集，鸣声相和悦耳，四季花卉一同盛开，尤为奇异的是，在宫内的大池塘中突然长出一朵大如车轮的白莲，白莲长出之时恰是释迦牟尼降生人间之日；释迦牟尼降生之初，在舌根中又闪出千道金光，每一道金光又化作一朵千叶白莲。而到后来释迦牟尼修成正果给众生讲经之时，也常常是坐在莲座之中的。自此，莲座也就成了释迦牟尼的标志性物品了。

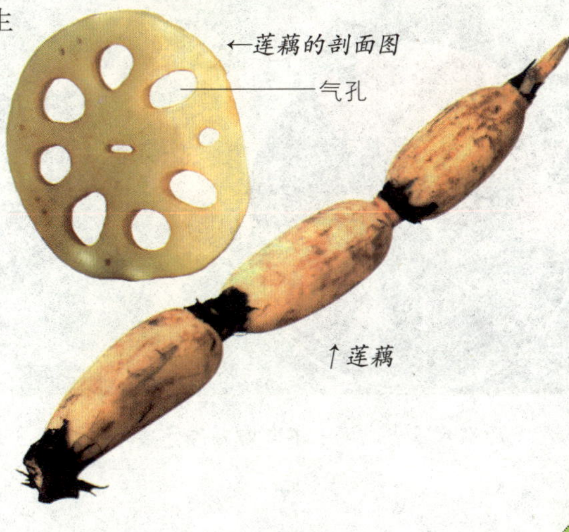

←莲藕的剖面图

↑莲藕

莲花一般分布在中亚、西亚、北美、印度、中国、日本等亚热带和温带地区。不过莲花最初是起源于印度的。我国的莲花就是随佛教从印度传入的。

莲花也称“莲”，即“荷”、“荷花”，别称“芙蕖”、“水芝”等，属睡莲科多年生水生草本植物。莲的叶

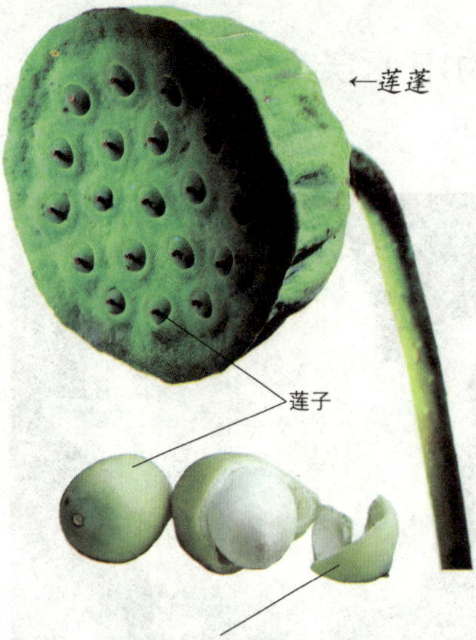

为圆形，可以浮在水面上，莲叶有长长的叶柄，叶柄上有刺状的绒毛。莲花一般单生在花梗顶端，直径 10～20 厘米，花瓣多为红色、粉红色或白色，能够散发出清新淡雅的香味。雅致的外观、清幽的香气，使莲花自古以来就是著名的观赏花卉。莲花开花后，平顶的莲蓬中每个孔里结一粒种子，即莲子。

莲花生长在水中，茎多数为横向生长，其地下部分有节状膨大的根状茎，这就是我们平日里吃到的莲藕。

莲在我国南北各省都有广泛的栽培。莲全身都是宝，藕、叶、叶柄、莲蕊、莲房、莲子都可用来入药，具有清热止血的功效；莲藕则可作蔬菜食用或提取淀粉，我们平日常吃到的莲菜和藕粉便是莲藕的加工品。

龙文小百科　千年古莲开花的秘密

其实，这与莲子本身的结构有关。莲子的外种皮坚硬致密，像个小小的“密封舱”，这个“密封舱”把莲花的种子密闭在其中，可以有效地防止外部的水分和空气渗入，同时还可以防止种子内的水分和空气散失。所以通常情况下莲子的生命活动都极为微弱，相当于处于休眠状态，只有在条件适宜时才会萌发。

此外，莲子的长寿也与莲的生长环境有关。存活至今的古莲子通常被埋在30～60厘米深的泥层中，上面又有很厚的泥土覆盖，因此古莲子几乎处于一个密闭的环境中。在这样的环境中，古莲子不具有生根发芽的条件，因而进一步保存了莲子的生命力。

↑毕竟西湖六月中，风光不与四时同。接天莲叶无穷碧，映日荷花别样红。
——晓出净慈寺送林子方（杨万里）

↑荷叶上晶莹的水珠

↑荷叶的显微结构

莲叶是从水下的淤泥中长出，并浮到水面上的，那么莲叶为何能够防水浸而且还能保持清洁呢？

原来在荷叶的表面附着着无数个微米级的蜡质乳突结构。用电子显微镜观察这些乳突时，可以看到在每个微米级乳突的表面又附着着许许多多与其结构相似的更微小结构，科学家将其称为荷叶的微米—纳米双重结构。正是这些微小的双重结构，使荷叶表面与水珠儿或尘埃的接触面积非常有限，因此水即使沾在荷叶上仍然能够滚动，并且带走灰尘。正是这种避水、避尘的特性，使莲赢得了“出水芙蓉”的雅号。

唐代诗人孟郊的《去妇》一诗中“妾心藕中丝，虽断犹牵连”的美文，使得后人们常用“藕断丝连”来形容那些剪不断、理还乱的情绪与关系。但是，是什么使得藕已断开但丝还相连呢？

其实这些丝是莲花块状茎中的导管。植物的导管内壁在一定的部位会特别增厚，这些增厚的部位会形成各种纹理：环状、梯形、网状……一般说来，这些增厚部位一旦断裂，导管也会随之断裂。但莲藕的导管壁增厚部位却连续成螺旋状，特称螺旋形导管。当藕折断时，导管内壁增厚的螺旋部脱离拉长，成为螺旋状的细丝。这些细丝很像被拉长后的弹簧，在弹性限度内不会被拉断，一般可拉长至10厘米左右，“藕断丝连”也就由此而出了。

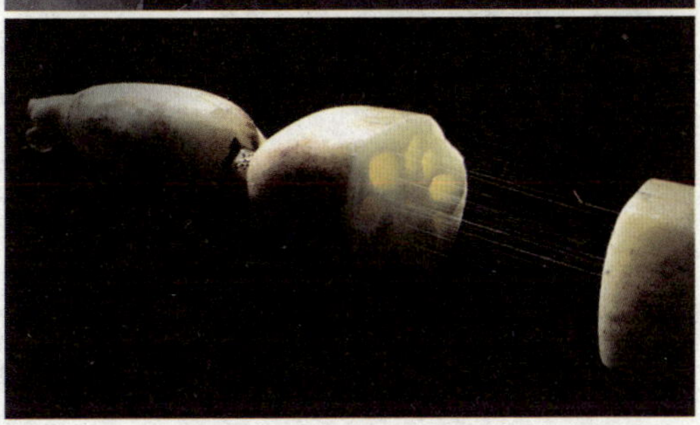

↑并蒂的莲花、身断丝还连的藕，总是令人柔肠百转。

樱花——东瀛之魂

日本的象征——富士山与樱花

说到樱花，人们首先便会联想到日本。其实，樱花原生长于我国的长江流域，它的传播像所有物种一样呈放射性传播。云南与喜马拉雅地域是最早受惠的地区之一，滇樱花自古以来就闻名天下。相传，日本樱花是由僧人从云南带去日本的，我国的樱花传入日本后，在精心培育下，品种不断增加，成为一个丰富的樱花家族。在日本，樱花得到进一步的发展，倍受关爱，经精心培养，出现了观赏性更强的高等品种。

云南樱花与日本樱花同属，只是花由单瓣变重瓣，色由淡粉红色变深粉红色，这便是二者很重要的两个差别。由于日本樱花的花多为淡粉红色，因此常见有文章称中国樱花来自日本，这种说法实为讹传，但这也与樱花这个名称在我国典籍中记载不多有关。不过在古籍中，我们仍可觅到樱花的点点芳踪。白居易诗中“小园新种红樱树，闲绕花枝便当游”，便记述了樱花盛开的景况。

↑近看樱花似乎并不出众

在日本，比新年更热闹的时节是在 4 月，因为 4 月是樱花盛开的时节。一到 3 月，几乎所有的日本人都会开始盼望着樱花的盛开。等到天气转暖，第一朵樱花开放在春风中时，一年一度的赏樱活动便拉开了帷幕。随着樱花由南向北逐渐开放，整个日本便会沉浸在一片花的海洋和节日的喜庆之中。

樱树为蔷薇科李属植物，它的整个树冠为卵圆形至圆形，外形十分美观。樱树的叶序呈单叶互生，具腺状锯齿，花单生在枝顶或 3~6 簇生在一起呈伞形或伞房状花序。樱花的果实为红色或黑色，5~6 月成熟。

樱花虽源自中国，但作为一种风景，甚至一种精神，已成为日本特有的文化象征。日本人赏樱的习俗由来已久。据记载，从江户时代起，赏樱就已成为一种民间活动。江户时代是日本历史上的鼎盛时期，在结束了长年战乱，人民丰衣足食以后，人们便开始关注精神享受，盛开于早春的樱花从此成为日本人心目中的焦点。樱花热烈、纯洁、高尚，严冬过后是它最先把春天的气息带给日本人民。樱花绽放时，在公园及街道的赏花处，便可闻到淡淡的花香并欣赏到红色、粉红色和白色的樱花。赏樱花，日语写作“花见”，是日本独特的赏花方式，每当樱花盛开之际，人们群聚于各地赏樱名所，席坐粉白花树下，谈笑春日，尽情捕捉烂漫春光。

↑浪漫樱花

目前，日本的樱花品种共有300多个，每年4月，樱花在日本全岛由南往北依次盛开，就如一片片云彩由南往北飘过整个日本。其盛放期约可持续10天，最早可以观赏到樱花的是冲绳岛，最晚的是寒冷的北海道。

在日本古典文学作品中，关于樱花的描述比比皆是，历代文人墨客留下了不计其数的咏樱之作。

樱花凋谢时节，一阵风吹来，满树的樱花纷纷飘落，树下便响起一阵欢呼声。日本人称这种缤纷落英为“花雨”。看着花雨飘逝，他们不仅没有黛玉葬花般的伤感，还会因沐浴在花雨中倍感快乐。日本人所欣赏的，正是樱花这种轰轰烈烈而生、从从容容而去的生命态度。

盛装的樱花、盛装的女子、盛装的日本

蔷薇科杂说

- 美味的蔷薇科植物
- 苹果——上帝的禁果
- 桃——桃之夭夭，灼灼其华

或许你根本想不到，许多与我们的生活联系紧密、可外形又大相径庭的植物都被划归到蔷薇科的范畴。蔷薇科是被子植物中的一大科，如果没有了蔷薇科，生活中肯定会缺少许多色彩与滋味。

美味的蔷薇科植物

蔷薇科属双子叶植物纲蔷薇亚纲，是经济价值较高的一个大科。

蔷薇科植物多为草本、灌木或小乔木，有刺或无刺，有时呈攀援状；叶多为互生，常有托叶，单叶或复叶；花两性，呈辐射对称，整齐、离瓣、极少为单性或稍不整齐，从上位花到周位花，颜色多样；花萼常 5 裂，偶有 4 裂；花瓣常 5 枚，偶有 4 枚，有时缺；雄蕊常多枚，周位；心皮 1 至多枚，分离或为各式合生；子房由 1 至多个分离或合生的心皮组成，上位或下位；果实类型很多，如蓇葖果、瘦果、梨果或核果。其中梨果和核果由于果肉厚、糖分高，深受人们的喜爱。

↓花被的类型

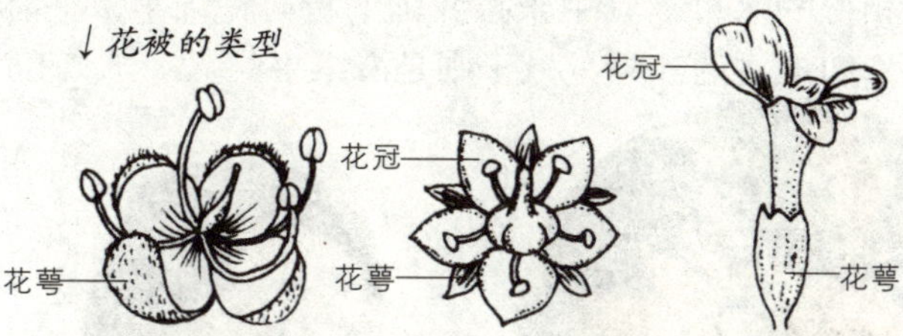

单被花，花被分离　双被花，花被分离　花被合生

龙文小百科　上位花与周位花

上位花又叫下位子房上位花，整个子房埋于下陷的花托中，并与花托愈合，花的其余部分着生在子房以上花托的边缘，如南瓜、苹果、芹菜等。

周位花有两种，上位子房周位花和半下位子房周位花，就是子房以底部或下半部与花托相连，花被着生于子房周围花托的边缘，前者如桃、李，后者如甜菜、马齿苋。

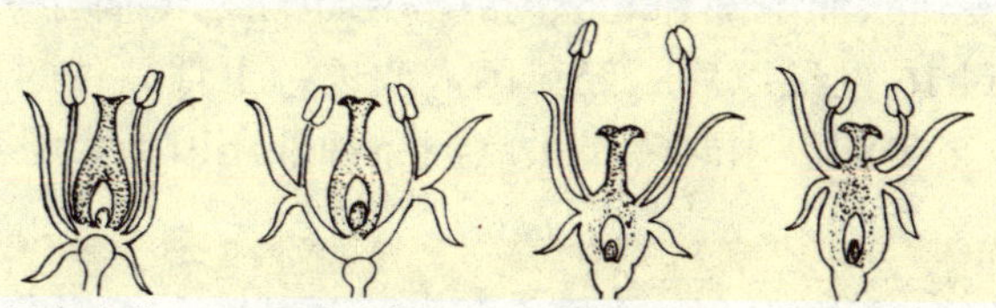

子房上位，花下位　子房上位，花周位　子房半下位，花周位　子房下位，花上位

平日里我们所说的水果大多都属于蔷薇科，如桃、梨、李、沙果、杏、梅、樱桃、山楂、草莓、枇杷等。

↑大部分常见水果都是蔷薇科植物的果实。

苹果——上帝的禁果

↑色彩诱人的苹果

蔷薇科许多水果的身影都能在我国的古代典故中找到，孔融让梨、桃李满天下、望梅止渴等，却很少看到苹果的踪影，甚至没有任何和它相关的文章留下来。难道苹果在我国的栽种到近代才兴起？事实的确如此，诸如梨、桃、李子都在我国有很久的栽培历史，偏偏只有苹果——它是个完完全全的舶来品。

苹果原产于欧洲和中亚细亚，哈萨克的阿拉木图有苹果城的美誉。我国古代的林檎（又名柰、花红）被认为是我国土生苹果品种或与苹果相似的水果。其中柰指我国的特有种绵苹果，林檎即现在的沙果，楸子则是海棠果。

↑→海棠（上）、沙果（右）的外形和苹果很相似

→如今，苹果早已成为了中国人的美食。

苹果是欧洲最古老的栽培果树之一。现在广泛栽培苹果的产地集中在高加索地区以南、黑海与里海之间。公元前2世纪，罗马作家加图就曾记述过7个苹果品种。罗马帝国势力扩展到欧洲中部和北欧时，苹果也随之传播开来，不过主要是用来制酒的小苹果。直到16世纪以后，经英国人改进，生食品种的现代苹果才得到发展，并于17世纪传至美洲。当时除带去欧洲品种外还引入大量苹

龙文小百科　外国苹果在中国

苹果在我国正式栽培的时间至今说法不一：有说是元朝末，在西域的僧侣进贡之后，皇室成员十分喜欢，于是开始栽种；也有说是直到1870年前后才首先由美国传教士传入山东烟台，以后，德国品种输入青岛，法国人引种入云南，英国人引种入西藏和四川雅安，辽宁旅大地区的苹果品种最早约在1902年由俄国引入，1910年又由日本人输入一批品种。1930年前后形成了辽南、胶东两大苹果产区。以后，黄河故道、秦岭北麓以及河北、山西等苹果新基地开始形成，渤海湾老产区也迅速扩大。所以，苹果真正成为我国水果市场上的时鲜蔬果应该是在20世纪30年代之后了。

果种子，经过选择形成了一批优良的生食品种，成为北美苹果品种类群，19 世纪欧洲和世界各地开始引种。

苹果是蔷薇科苹果亚科苹果属植物的统称，属于落叶乔木，喜光，较耐寒。野生果树的株高可达 15 米，不过在栽培条件下一般高 3~5 米。苹果树的树干呈现灰褐色，树皮有不规则的纵裂或片状剥落。幼枝、叶片和冬芽均有茸毛；叶序为单叶互生，形状为椭圆至卵圆形，叶缘有锯齿；伞房花序，有花 3 ~ 7 朵，花淡红或淡紫红色，边缘色泽较深；果实为仁果，呈圆、扁圆、圆锥、长圆、椭圆等形状，由子房和花托两部分发育而成，子房形成果心，花托形成果肉，果皮青、红或黄色，大小因品种而异。大多数品种自花不孕，须种植授粉树，主要通过嫁接繁殖。

↑苹果

↓在人为的干预下，苹果甚至能长成方形呢。

既然苹果在欧洲有如此漫长的种植历史，许多西方神话传说也就不可避免地同苹果沾上了边。而因为这些神话传说，苹果得到了三个名字——禁果、争端之果、智慧之果。

禁果源于《圣经》中所提到的亚当和夏娃的故事。在《圣经·创世记》中提到：上帝依照着自己的形象创造了一个男人，取名为亚当。趁亚当睡着的时候，上帝取下亚当的一根肋骨，创造了夏娃。之后，上帝在世界的东方建立了一个名叫伊甸园的花园，园子里有各种飞禽走兽、奇花异草。在这园子的中心长了两棵树，一棵叫生命树，另一棵叫智慧树。上帝将亚当和夏娃带到了伊甸园中，告诉他们：除了生命树和智慧树上的果实外，他们可以品尝园中的任何果实。于是亚当和夏娃便开始了在伊甸园中快乐的日子。

↑美丽的苹果花淡雅、柔美，似乎随时、随处都会散发出甜丝丝的香气。

↑因偷食禁果而被逐出伊甸园的亚当和夏娃

然而在蛇（魔鬼）的引诱下，亚当和夏娃还是偷吃了智慧树上的果实，而且不幸被上帝发现，被赶出了伊甸园。智慧树上的果实因此得名"禁果"，它就是今天我们所说的苹果。

将苹果称为智慧之果确实一点都不为过。那颗让牛顿顿悟了万有引力定律的苹果便是最好的证明。当然，这只能当作一件轶事来说，真正的智慧还是要通过努力学习得到的。

虽然没有明确证据说明苹果能增加智力，不过经研究发现苹果对人体的好处还是不少的。首先，苹果中含有能增强骨质的矿物质元素硼与锰，能够强化骨骼。美国的一项研究发现，硼可以大幅度增加血液中雌激素和其他化合物的浓度，能够有效预防钙质流失；其次，苹果内含有大量易于被人体吸收的抗氧化成分，对于老年痴呆症和帕金森综合征患者来说，苹果是最好的食品；另外，苹果会增加饱腹感，饭前吃能减少进食量，达到减肥的目的。

↑鲁本斯的名作《帕里斯的裁决》，帕里斯（右一）手中拿的就是那颗引发了特洛伊战争的金苹果。

最后，讲讲争端之果的来历吧，这可以被称为"一颗苹果引发的血案"。据传说，有一次，天界诸神一起聚会，却忘记邀请厄运女神厄里斯。厄里斯一怒之下，决定报复诸神。她给众神送了一颗金苹果，上面写了几个字——最美者得。天后赫拉、智慧女神雅典娜、爱神阿芙洛狄忒都认为自己有资格得到金苹果。三人请特洛伊王子帕里斯评断，结果帕里斯因为阿芙洛狄忒许诺让他得到美女王后海伦而将金苹果判给了爱神。著名的特洛伊战争由此引起。所以，苹果在西方国家似乎经常跟罪恶的勾当有关，美丽的白雪公主也是因为吃了王后继母的毒苹果才沉睡过去的。而且，似乎每个跟苹果有关的故事中都有一段美丽的爱情——亚当与夏娃、海伦与帕里斯、白雪公主和王子，等等。因此苹果在西方国家往往也是爱情的象征。

←迪斯尼公司旗下最著名的卡通形象——因吃了继母给的毒苹果而沉沉睡去的白雪公主

桃——桃之夭夭，灼灼其华

↓桃花淡雅清丽，比之姿容可人的女子，实在是有过之而无不及。

“桃之夭夭，灼灼其华；之子于归，宜其室家。”这是我国古代最著名的文学作品之一《诗经·周南·桃夭》中的名句，整首诗分别以桃花、桃实、桃叶来形容一名待嫁女子，从而说明这位女子的美丽动人。

桃属蔷薇科梅亚科李属，原产于我国，是我国最早栽种、专供食用的果树之一，其栽种史已有4000多年。我国桃品种极为丰富，据统计全世界约有1000种以上，我国就有800种，用于生产栽培的有30种左右。

桃为落叶小乔木，树高可达4~5米，枝条为红褐色，上面有许多节，每个节上面或是单生一个花芽，或是并生两个以上的花芽和叶芽。其中每个花芽只生出一朵花。桃花的花型有蔷薇型和铃型两种。前者花瓣大，多粉红色，间有深红或白色；后者花瓣小，呈橘红或玫瑰色。

桃的果实为核果，近球形，果顶有平、凹、尖、突之别；除油桃外，表面均布有茸毛；果肉多为白、黄色，或夹有红晕，极少数呈红色；果肉质地或柔软或脆硬、密韧，核与果肉粘着或分离；核表面具沟状或点状纹路。而这种厚果肉包裹硬质果核也是梅亚属植物普遍的特点。

龙文小百科　黄药师与桃花岛

碧海、金沙、翠林、险峰、吃不尽的海鲜美味……这就是金庸先生笔下《射雕英雄传》中黄药师的故乡——桃花岛。在桃花盛开之时，能身处桃林之中，欣赏醉人美景确实能够忘记世上许多的恩恩怨怨，难怪金庸先生会让这位飘逸的黄药师在这样的所在避世了。

在现实生活中，也还真有这样一个天堂般的所在呢。在浙江舟山群岛东南部，有一个叫做桃花岛的地方，其与“海天佛国”普陀山、“海山雁荡”朱家尖隔港相望。沙滩、礁石、洞崖、溪潭、峰岩、花鸟、林木、人文景观相得益彰，构成了其所独具的岛屿风光。

→在那桃花盛开的地方……

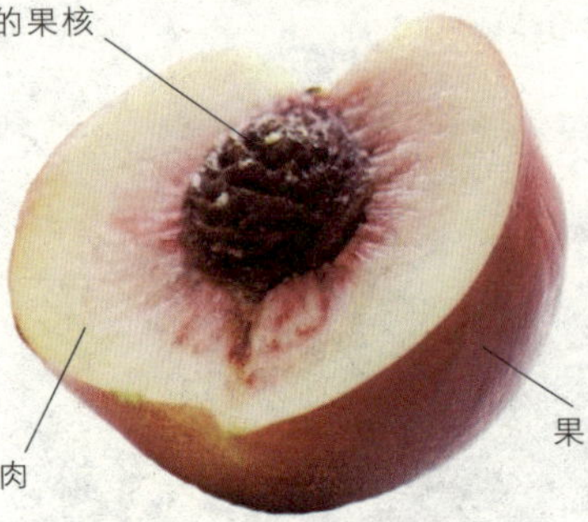

↑桃的果实剖面图

↑↓表面光滑的油桃（上），大多数桃的果实表面有细茸毛（下）。

桃的果实具有很高的药用价值。唐代医学家孙思邈称其为“肺之果”，说“肺病宜食之”。桃的果肉中富含蛋白质、脂肪、糖、钙、磷、铁和维生素 B、维生素 C 及大量的水分，对慢性支气管炎、支气管扩张症、肺纤维化、肺不张、矽肺、肺结核等出现的干咳、咯血、慢性发热、盗汗等症，可起到养阴生津、补气润肺的保健作用。桃子富含胶质物，这类物质到大肠中吸收大量的水分，能达到预防便秘的效果。

《大明本草》中说，将桃晒成干（桃脯），经常服用，能起到美容养颜的作用。只是桃干的含糖量过高，用开水与少量绿茶或花茶冲服就好得多，还能提高风味。值得注意的是，鲜桃下树后极其不耐储存，应趁鲜食用。食用前还要将桃毛洗净，以免刺入皮肤，引起皮疹；或吸入呼吸道，引起咳嗽、咽喉刺痒等症。不过，桃子并非只有果肉能食用，我国新疆有一种称为“巴旦杏”的桃种，又名扁桃，是食用果仁的珍贵干果，主产于新疆喀什地区。果实椭圆形，成熟时易开裂，果核平滑有凹陷。其肉苦涩不可吃，核仁甘甜。

在日常生活中除了食用的桃、李、梅、杏、草莓等植物外，蔷薇科植物还有一大部分都是观赏花卉，如各种绣线菊、绣线梅、珍珠梅、蔷薇、月季、海棠、梅花、樱花、碧桃、花楸、棣棠和白鹃梅等，在世界各地的庭园绿化中占重要的位置。

↑美丽的蔷薇家族：①珍珠梅 ②绣线菊 ③梅 ④海棠

尖锐的生命——仙人掌科植物

- 仙人掌——荒漠守护者
- 昙花一现为韦驮——瞬间的永恒

仙人掌——荒漠守护者

仙人掌是仙人掌科、仙人掌属的一种植物，在仙人掌科中还有许多同仙人掌一样通体碧绿，遍布针刺、只不过外形不同的植物，人们通常认为它们只是仙人掌属中不同种的植物而已。事实上，平日里我们所见的那些球状的仙人球属于仙人球属，而那些西部影视片中立于荒漠中的柱状漫生小刺的植物则是仙人柱属植物。

仙人掌科是双子叶植物纲石竹亚纲中的一科。该科植物多数为多年生草本，少数为灌木或乔木状植物，株高从十几厘米到十几米，差别较大，仙人掌科植物的茎肉质，呈球状、柱状或扁平状，茎上多有关节和分枝，还有一些螺旋状排列的特殊刺座，其上着生有刺、毛、腺体或钩毛和花。仙人掌科植物的花通常为两性，辐射对称或两侧对称，多着生于花的喉部。仙人掌科植物的果实常为肉质浆果。

←仙人掌？仙人球？你来辨别吧。

仙人掌科中的绿巨人

仙人掌科植物在全世界共有 140 属 2000 余种，大多原产巴西至阿根廷。中国栽培的有 600 余种，其中仙人掌属和量天尺属等少数种在南方诸省逸生以供观赏、食用。

仙人掌科植物大多生长在干旱的环境里，它们大多都有一种特殊的本领：在干旱季节，不吃不喝地进入休眠状态，把体内的养料与水分的消耗降到最低程度；当雨季来临时，又非常敏感地“醒”过来，与此同时，它们的根系会立刻活跃起来，大量吸收水分，使植株迅速生长并很快地开花结果。

↑火龙果是仙人掌科量天尺属植物的一种。

←被剖开的火龙果

↓耐旱的勇士——仙人掌

为什么仙人掌科的许多植物能够如此耐受干旱的环境呢？

仙人掌科大多数植物的叶子变异成细长的刺或白毛以减少水分的蒸发，减弱强烈阳光对植株的危害，还可使湿气不断积聚凝成水珠，滴到地面被分布得很浅的根系吸收；而它们的茎粗大肥厚多汁、有发达的薄壁组织细胞以及棱状结构，使其身体伸缩自如，体内水分多时能迅速膨大，干旱缺水时能向内收缩，既保护了植株表皮，又能散热降温。另外，仙人掌科植物的茎外表有一层厚而硬的蜡质作为保护层，有些种的植物甚至生有密集的茸毛，保护其不受强光的照射，降低水分蒸发。

↑这种密生茸毛的仙人掌能更有效地减少水分蒸发，并能保护其免受强光的照射。

仙人掌科植物中既然许多植物选择让叶特化为针状以减少水分蒸发，那么它们是如何进行光合作用以合成自身所需养料的呢？原来仙人掌科植物的绿色茎并非只是起到支撑作用，其中还含有大量叶绿素，可代替叶子进行光合作用。而且，仙人掌科植物的根通常分支很多，一遇降雨就会再长出许多新根大量吸收水分。它的大根有很厚的木栓组织保护，从而保证其在灼热的沙石上生活而不受高温伤害。正是这些形态结构与生理上的特性，使仙人掌类植物具备了惊人的抗旱能力，它们简直是为沙漠生活量身定做的，称得上是自然界的奇迹了。

墨西哥素有“仙人掌之国”之称，仙人掌也是墨西哥的国花。全世界仙人掌科植物有 2000 多种，其中一半左右产于墨西哥。在环境恶劣的南美高原上，千姿百态的仙人掌，任凭土壤多么贫瘠，天气多么干旱，它却总是生机勃勃，凌空直上，构成了墨西哥一道独特的风景。每年 8 月中旬，墨西哥首都附近的米尔帕·阿尔塔地区都会举办仙人掌节。节日期间，张灯结彩，四周搭起餐馆，销售各种仙人掌食品。

↑加布克拉斯毛虫

→仙人掌的形象甚至出现在了墨西哥的国旗上。

龙文小百科 仙人掌和澳大利亚的毛虫纪念碑

仙人掌旺盛的生命力备受墨西哥人的推崇，然而也正由于此，它也成为了其他一些地区的入侵生物。19世纪初，澳大利亚人从阿根廷引进了仙人掌，由于它开的花很美丽，又浑身都是刺，人们就把它栽在住宅、牧场和田园的周围，既可欣赏，又可作围墙。但令人们意外的是，仙人掌对那里的气候、土壤高度适应，又无天敌，于是迅速发展，不断侵占草场和农田。人们用拖拉机将它连根翻起，但它还是不断生长蔓延。无奈之际，澳大利亚人不得不再度把目光投向了阿根廷，生物学家们苦苦寻找，终于发现原来那里有专门吃仙人掌的加布克拉斯毛虫。于是人们又从那里引入了这种毛虫。经过毛虫们几十年的努力，在澳大利亚疯长的仙人掌终于得到遏制。为了感谢毛虫们，澳大利亚人特地在布尔纳格城的广场上建立了一座毛虫纪念碑。

昙花一现为韦驮——瞬间的永恒

其实，仙人掌科并非都满身是刺、通体绿色的植物，有一种著名的观赏花卉——昙花，也属于仙人掌科这个大家族。

昙花又名琼花、月下美人，属仙人掌科、昙花属，原产于热带美洲，是著名的观赏植物。

←枝叶碧绿的昙花

↑静静开放的昙花娴静、雅致

昙花为多年生常绿肉质植物，呈灌木状。昙花的枝高度变异，新枝扁平，老枝为圆柱状，这种变异枝肥厚多肉，边缘波浪状，两面中央有肥厚的中脉，且高度木质化，表面具蜡质，有光泽。花单生于变态枝的边缘，花大型，重瓣，白色，气味芳香；花瓣为披针形；花萼为红色、筒状。果实为浆果，红色。

昙花的开花季节一般在6~10月。昙花通常在夜间开放，翌晨即萎，盛开的时间只有3~4个小时，非常短促，故有“昙花一现”之说。昙花开放时，通常是花筒首先慢慢翘起，绛紫色的外衣慢慢打开，然后，由20多片花瓣组成的洁白如雪的大花朵就开放了。开放时花瓣和花蕊都微微颤动，艳丽动人，清香四溢，在夜幕的辉映下，更显得娴静、优雅而神秘。可是只3~4小时后，花冠闭合，花朵很快就凋谢了。昙花就这样悄然绽放、倏然凋萎，更令它显得魅力无穷而倍受人们的青睐。

昙花

↑昙花的绽放

↑昙花的果实，和火龙果有些像。

那么，昙花为什么只在夜间开花呢？这奇异的开花特性还要从它的原产地的气候与地理特点谈起。

昙花原本生长在美洲墨西哥至巴西的热带沙漠中。那里的气候又干又热，但到晚上则会凉快许多。昙花选择在晚上开花，一来，可以避开强烈的阳光曝晒；另外，缩短开花时间，又可以大大减少水分的散失，有利于它的生存，使生命得以有效的延续。于是天长日久，昙花在夜间短时间开花的特性就逐渐形成，代代相传至今。

在我国民间，昙花还有一个名字——韦驮花，这和佛祖座下的韦驮尊者与昙花仙子的一段哀怨缠绵的爱情故事有关。

相传，昙花本是一个花神，她每天都开花，四季都很灿烂，可渐渐地，她爱上了一个每天辛勤为她锄草的小伙子。后来，天上的玉帝知道此事，大发雷霆，把花神贬为一年只能开花一瞬间的花，以阻止她再和情郎相见，还把那个小伙子贬至灵鹫山出家，赐法号韦驮，让他忘记前尘，忘记花神。可是花神却始终忘不了那个锄草的小伙子，她知道每天入夜时分，韦驮都会上山采春露，为佛祖煎茶，因此花神就选在此时开花，希望能见韦驮尊者一面。遗憾的是，冬去春来，花开花谢，韦驮始终未能认出她，然而花神却并未心灰意冷，依旧夜夜开放，等待韦驮尊者将她认出。直至今日，依然如此。

←这便是韦驮尊者的全身照了，确实是高大威猛，难怪会让昙花仙女苦苦相候了。

神农创制四方瓜

- 神农创制四方瓜
- 冬瓜——本名为冬，偏耐酷暑
- 西瓜——沙漠中的来客
- 南瓜与可怜的杰克
- 北瓜——陌生的面孔

神农创制四方瓜

↑尝百草的神农氏，这是清代画家吴承砚先生的墨宝。

说起东、南、西、北这四种瓜，就不能不提到神农氏了。

神农氏是我国上古传说中农业和医药的发明者。在远古社会，人类过着采集渔猎的生活，神农氏不仅发现了五谷，还用木制成了耒耜等农耕用具，教民农业生产；为了帮助饱受病痛折磨的人们，神农氏还遍尝百草，发现了药材，以治病救人。神农氏是继伏羲以后又一个对中华民族做出了颇多贡献的传说人物。除了发明农耕技术、医术之外，神农氏还制定了历法，开创了九井相连的水利灌溉技术等。这东瓜、南瓜、西瓜、北瓜就是当年“神农实验室”的诸多成果之一。

传说神农氏一生下来就有一个“水晶肚”，几乎是全透明的，五脏六腑全都能看得见，还能看得见吃进去的东西。那时候，人们经常因乱吃东西而生病，甚至丧命。神农为此决心尝遍百草，把好吃的放在身体左边的袋子里，介绍给别人吃；不好吃的就放在身体右边的袋子里，作药用；不能吃的就提醒人们注意。可以说，神农是我国有记载的第一位将诸多植物分门别类的人，称得上是我国首位“植物学家”了。

传说当年神农氏爱民如子，培育了“四方瓜”，让劳苦大众除了稻、麦、蔬菜之外还有些零食可吃。这“四方瓜”即东瓜、南瓜、西瓜、北瓜。神农将这“四方瓜”培育好之后便命令它们各奔所封的地方安家落户，造福于民。结果，东、南、西、北瓜各自都到受封的地方去了。

←神农氏的画像，神农氏可说是我国上古时期传说最多的一个人物了。

冬瓜——本名为冬，偏耐酷暑

冬瓜从外表看去有一层白霜如同冬天里的雪，加之瓜肉也是白色，由此得名“冬瓜”。不过虽然名字中有个冬字，不过冬瓜本身却跟冬天沾不上边。冬瓜原产于我国南方，喜温耐热，生长发育以25℃以上最宜，30℃的高温仍然生长良好。冬瓜本身对于低温极敏感，5℃以下就会受冻。真要以生长季节来命名的话，倒不如“夏瓜”更贴切，不过这样东、南、西、北四瓜中便要缺少一个了。

↑切开的冬瓜

冬瓜属于葫芦科茎蔓生草本植物，原产于中国南部及印度，性喜温暖、湿润，又有一定的耐旱能力。

冬瓜的茎上有茸毛，叶稍圆，有掌状浅裂，叶面、叶背均生有毛。冬瓜的花黄色，花分雌雄，生长在同一植株上。在冬瓜的主蔓上都是先发育雄花，后出现雌花。冬瓜的雌花生长节位因品种而异，早熟种在10节以内出现第一雌花，如北京一串铃冬瓜主蔓在3～4节就出现第一雌花，以后会连续生长许多雌花。冬瓜的晚熟种多数在10多节才出现第一雌花，以后每隔5～7节分化1个雌花，也有连续2个雌花的。如广东青皮，第一雌花在第15~19节，第二雌花在第20~24节，第三雌花在第25~28节。冬瓜的侧蔓分化雌花较早，多在第一二节。雌花不同的生长位置也是冬瓜品种判别的重要依据。

↑冬瓜的花

→蔓生的冬瓜，增加其通风透光性，以保证幼瓜能长得更大。

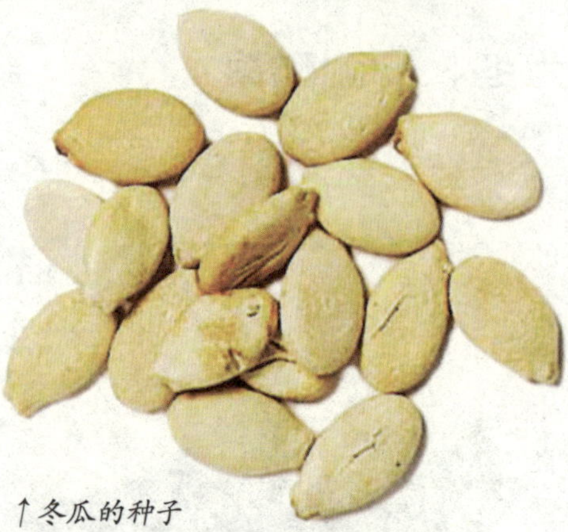

↑冬瓜的种子

冬瓜的根系发达，茎节能生不定根，吸收面积大，吸收力强；它的茎叶繁茂，果实巨大，呈短圆柱、扁圆或长圆形，大小因品种而异。冬瓜的皮为绿色，果肉厚，白色，疏松且多汁，味淡。冬瓜产量高，耗水量和需肥量都较大，要求阳光充足。

其实冬瓜本身是在地上生长的，不过成为了人工种植的作物之后，当瓜长到四五斤重时，瓜农便用绳子将冬瓜吊高，同时主蔓长到 15~20 节时，引蔓上架，松松地扎缚。这样便可以保持通风透光，同时防止茎节部位生出过多的根系，从而控制藤蔓获取养分，使养分集中于幼瓜从而长成大瓜。而雌花发生的位置也就决定了冬瓜引蔓上架的时间以及高度。一般来说，节位越靠前，上架时间越早，高度越低。冬瓜的种子扁平，白色，有的具有狭翼状的边缘。

冬瓜皮的表面通常会挂一层白色的霜，其实这是冬瓜成熟时表皮细胞分泌的蜡质，这层蜡质不但可以防止外界微生物的侵害，而且能减少瓜肉内水分的蒸发。由于冬瓜的品种不同，有的有白粉，有的没有，如黑皮冬瓜。

冬瓜在我国广泛栽培，其果实是人们餐桌上常见的一种蔬菜，而且，冬瓜的药用价值也很大，是夏季清热解暑的良品，《本草备要》中说：冬瓜“寒泻热，甘益脾，利二便，消水肿，止消渴，散热毒痈肿”。冬瓜全身都是药，冬瓜皮、肉、仁均可入药。

硕大的冬瓜果实

西瓜——沙漠中的来客

据考，我国最早栽种西瓜的地方是新疆，如今，新疆仍然是中国西瓜最出名的地方。

西瓜，是中国人给它起的名字。顾名思义，它是从西方引种来的。“西瓜”一名最早见于宋代大文豪苏轼编著的《物类相感志》一书。向前追溯，我国中原地区最早引种西瓜的时间，约在五代时期。当时有一位郃阳（今陕西合阳）县令胡峤作为出使随从去北方契丹国，因战乱纷争被扣留在契丹长达7年，见到了契丹人种食西瓜，而后在他写的《陷虏回纥记》中记述契丹人是在远征回纥时带回的西瓜种。

南宋时期，有一名叫洪皓的南宋官员，作为金国通问使在金国住了十几年。返回故乡时，他带回了西瓜的种苗种植，并逐渐在长江南、北两岸推广开来。在洪皓著的《松漠记闻》中有关于此过程的记载。据考证，我国最早种西瓜的地方是新疆，瓜种是由西域传来。推测引种的时间可能在秦汉以后，但规模不大，直至金、南宋时期才在中原及江南地区推广开来。

西瓜的故乡是在非洲撒哈拉沙漠地区。你看它的“长相”：平铺地面的长长茎蔓，有深裂的条形蜡质叶片，发育多而壮的须根，那圆球形的大果实……西瓜的这些生长特点使它能够在干旱的沙漠环境里减少叶面水分蒸发，防御大风侵袭，它的须根深深地扎入沙土中汲取水分。这些都是西瓜长期适应热带沙漠生活环境所演化的特殊性状。早期生活在非洲中北部的人类是如何栽培西瓜的已经难以考证了，但在撒哈拉沙漠地区仍然有比较近缘的野生西瓜，据研究，这种野生西瓜的起源中心可能是在苏丹或其周边一带。

↑如今，西瓜已经是中国人炎炎夏日里最理想，也是最常见的一种水果了。

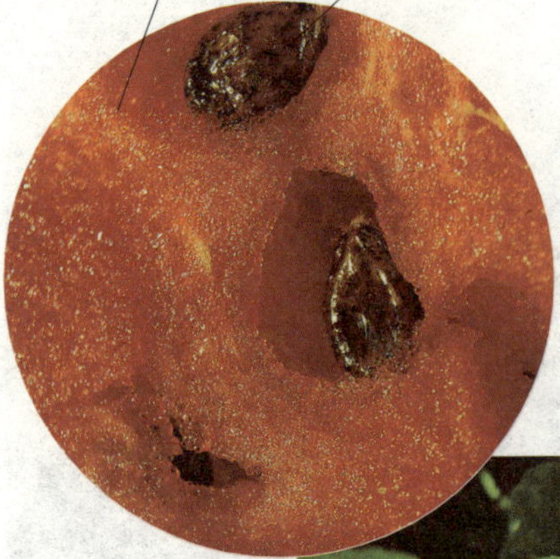

西瓜最早从撒哈拉地区引种到北非的埃及和利比亚一带。从埃及古墓出土的壁画上就发现了不少西瓜茎蔓和果实的图案，考古学家据此推测出约在四五千年前的尼罗河下游生活的古埃及人栽培西瓜的技艺已经相当成熟了。西瓜在世界各地的广泛传播是近两千年来的事情。从北非向中亚（伊朗、阿富汗一带）的传播是在公元前 1~2 世纪，此时一些西域小国已经有少量种植了。

西瓜，葫芦科、西瓜属，一年生蔓性草本植物，性喜炎热、干燥和充足的阳光，不耐寒。

↑这种多汁且美味的水果原产自非洲那片干燥而酷热的土地，堪称是大自然对那片土地特别的恩赐。

西瓜的茎叶和花，茎上的密生的细毛清晰可见。

↑碧蔓凌霜卧软沙，年年处处食西瓜。——南宋·范成大《咏西瓜园》。

↑黄色的瓜瓤一样味甜而多汁

西瓜的主根深达1米以上，侧根群主要分布在20~30厘米的耕层内，根纤细易断，再生力弱。茎蔓生，密生细毛。叶片浓绿，叶缘有深缺刻。西瓜的花为雌雄同株异花，主茎一般第3~5节出现雄花，5~7节有雌花，开花盛期会出现少数两性花。西瓜的花冠为黄色。雌雄花均具蜜腺，属于虫媒花。花清晨开放，下午闭合。果实有圆球、卵形、椭圆球、圆筒形等。西瓜的果皮平滑或具棱沟，表皮绿白、绿、深绿、墨绿、黑色，间有细网纹或条带。果肉乳白、淡黄、深黄、淡红、大红等色。瓜内肉质分紧肉和沙瓤，味甜多汁，含有丰富的矿物盐和多种维生素，是夏季主要的消暑果品，不过，采种子用的西瓜则果小味淡，子多而大。种子包裹在瓜肉中，形状多为扁平、卵圆或长卵圆形，平滑或具裂纹。种皮为白、浅褐、褐、黑或棕色，单色或杂色。我们平时所吃的西瓜子就是由西瓜的种子加工来的。

在中医学上，瓜汁和瓜皮（即“西瓜翠衣”）还可入药，有清热解暑的功效，主治暑热烦渴等症。

龙文小百科 无籽西瓜是怎么来的？

普通西瓜为二倍体植物，即体内有两组染色体（2N=22），当人们用秋水仙素对西瓜幼苗进行处理后，二倍体西瓜植株细胞染色体就会成为四倍体（4N=44），这种四倍体西瓜能正常开花结果，种子能正常萌发成长。然后用四倍体西瓜植株做母本（开花时去除雄花）、二倍体西瓜植株做父本（取其花粉授在四倍体植株的雌蕊上）进行杂交，这样在四倍体西瓜的植株上就能结出三倍体的植株，在开花时，其雌蕊要用正常二倍体西瓜的花粉授粉，以刺激其子房发育成果实。由于胚珠不能发育为种子，而果实则正常发育，所以这种西瓜就成了无籽西瓜。

无籽西瓜是用种子种出来的，但这个种子不是无籽西瓜里的种子，而是自然的二倍体西瓜跟经过诱变产生的四倍体杂交后形成的三倍体西瓜里的种子。由于是三倍体，所以它本身没有繁殖能力，也是无籽的。

→酷热难耐的夏日里，一杯冰凉的西瓜汁无疑会令人们瞬间神清气爽。

南瓜与可怜的杰克

在西方，每当到了万圣节，都会出现这种南瓜灯当道的盛景，其实，形状恐怖的南瓜灯并不是吓唬鬼怪用的，而是给可怜的杰克借火，让他别来叨扰主人。

不管在哪一个国家，不同的节日都有不同的东西作为象征：情人节有玫瑰，除夕夜有饺子，元宵节有元宵，端午节有粽子，平安夜有火鸡，而万圣节则是南瓜。但万圣节的南瓜不是用来煮粥吃的，而是被挖成空心，在皮上雕出恐怖的脸，在南瓜里放一根蜡烛，用来当作装饰的。关于南瓜灯流传着这样一个故事。

很久以前，爱尔兰有个叫做杰克的酒鬼，嗜酒如命，人品也不好。一天，杰克喝得酩酊大醉，魂不附体，守在地狱里的恶魔一看正是时候，立刻赶到就要擒拿杰克的魂魄。杰克一看自己大限将至，只得乖乖就范，但他向恶魔提了个要求：自己兜里没钱了，但是还想喝一杯，想让恶魔变成一枚硬币让他付掉酒钱。恶魔同意了。谁知恶魔刚刚变身，杰克就把这枚“假币”揣进了钱包，又在钱包上画了个十字，将恶魔困在了包里，并要求恶魔宽限他一年时间。恶魔无奈之下只得答应。

一年之后，恶魔如期而至，谁知杰克又想出了个鬼点子，让恶魔帮他去苹果树上摘一个苹果。谁知，恶魔刚爬上树，杰克又在树上刻了个大十字，恶魔又被困在了树上。杰克又一次提出让恶魔宽限他十年时间。恶魔竟然爽快地答应了，并且保证今后都不会来打扰他。

←万圣节城的领导者南瓜王子杰克——出自“好莱坞鬼才导演”蒂姆·波顿之手的动画片《圣诞夜惊魂》。

一年之后，杰克竟然离奇死去，因为生前的恶行，他注定上不了天堂了。在地狱门口排队的他却吃了“闭门羹”。恶魔对他说：“既然保证过以后不打扰你，那我就应该遵守承诺，你还是别来地狱了。”然后，恶魔抛给杰克一块烧得通红的炭，让他借着光原路返回。无奈之下，杰克只好挖空一根萝卜，将炭火放进去，在人间游荡。人们为了不让杰克以借火点灯为由打扰自己，便纷纷在窗口和门外放下南瓜灯，让杰克自己取火。不过天天在门口放个南瓜既不经济也不卫生，所以人们就挑了 10 月 31 号这一天专门给可怜的杰克制作南瓜灯，并将这天命名为“万圣节”。

↑西方万圣节是一个有着浓厚的神秘色彩的节日，很多孩子在这天都会扮成小鬼或巫婆，挨家挨户地敲门要糖吃。

南瓜为葫芦科南瓜属一年生蔓生草本植物。俗称“番瓜”、“饭瓜”，原产于亚洲南部，由于在中国广有栽培，因此也常被称作中国南瓜。

南瓜的茎蔓生长可达数米，呈五棱形，无刚刺，茎上有节，在每个节处生长有根，根很粗壮，属于直根系。南瓜的果实上分布棱沟，外皮生长有短的硬质毛。为了让茎向高处攀缘，从而使叶部能接收到更多的阳光，南瓜的茎上具有了卷须。南瓜的卷须分为 3～4 叉，加上南瓜的茎以及果实，整体看来就像是一个车厢架在车轴上。也许正是如此，帮助灰姑娘的那个仙女才把南瓜变成了一辆马车。

↑南瓜美丽的果实

←南瓜蔓加上南瓜形似车厢和车轴，难怪仙女会用南瓜变出车来给灰姑娘代步了。

南瓜的果柄

南瓜花

南瓜叶

南瓜的雌花

南瓜的叶为单叶互生，叶片五角状心形或宽卵形，边缘具有不规则的锯齿，叶脉间有白斑，叶片质地稍硬，两面密被茸毛。

南瓜 5~7 月开花，花单生，雌雄同株异花，花冠裂片大，先端长而尖，黄色，具有皱纹，花萼裂片线形，顶端扩大成叶状。雄花花托短，花内具有 3 枚雄蕊，花药合并在一起。雌花的花萼为叶状，子房圆形或椭圆形，1 室，花柱短，3 柱头。

南瓜 7~9 月结果，果实呈长圆、扁圆、圆形或瓢形，果皮赤褐、黄褐或赭色，果面平滑或有瘤，更有蛇纹、网纹或波状斑纹的，老熟后有白粉。果柄五棱，与果实连接部分膨大成五角形的梗座。

南瓜种子灰白色或黄白色，呈卵形或椭圆形，长 1.5 ~ 2 厘米，边缘薄。可供食用或榨油，在中医治疗中，也常用作驱虫药。

龙文小百科　南瓜补血

在我国湖南邵阳地区的一个苗族村中，村民们世世代代喜食南瓜。卫生部门在做相关健康调查时发现，这里的村民极少患贫血病。原来，南瓜中不仅含有丰富的糖类、淀粉、脂肪和蛋白质，更重要的是含有人体造血必需的微量元素铁和锌。其中铁是构成血液中红细胞的重要成分之一，锌直接影响成熟红细胞的功能。看来，民间流传“南瓜补血”确有一定的科学道理。

北瓜——陌生的面孔

在日常生活中，我们最不熟悉的就是北瓜了。许多人甚至认为北瓜根本不存在。《西游记》的作者吴承恩虚构了一段故事情节，说唐太宗招募奇人去阴曹地府进献瓜果，有个叫刘全的人为了寻觅爱妻亡魂，情愿冒死前往。刘全头顶北瓜等物服毒自杀，灵魂携带礼品谒见冥府神君，阎王爷大受感动，遂遣他夫妻灵魂双双还了阳。因为北瓜献给了阎王爷，所以此后世上就没有了北瓜这一品种。

↑笋瓜的植物学示意图

不过传说毕竟只是传说，北瓜其实还是存在的，但说法不一。在我国的很多地方，将南瓜称作北瓜，也有的地方将笋瓜称作北瓜。我们在前面已经讲述过南瓜了，这里，我们就讲一讲笋瓜吧。

笋瓜也叫“印度南瓜”，是南瓜的远亲，同属于葫芦科南瓜属植物，也是一年生蔓生草本植物。原产于印度，中国各地广有栽培，性喜温暖干燥。

笋瓜的茎蔓生，圆筒形，组织较为疏松，茎上分布有半透明的粗糙毛，卷须分叉。叶呈纸质，叶形为三角形或卵状三角形，与南瓜的叶片相近但先端钝圆。笋瓜的花雌雄同株，单生，花冠先端钝圆，裂片小，黄色，萼片细长。笋瓜的果实形状因品

↑笋瓜的果实

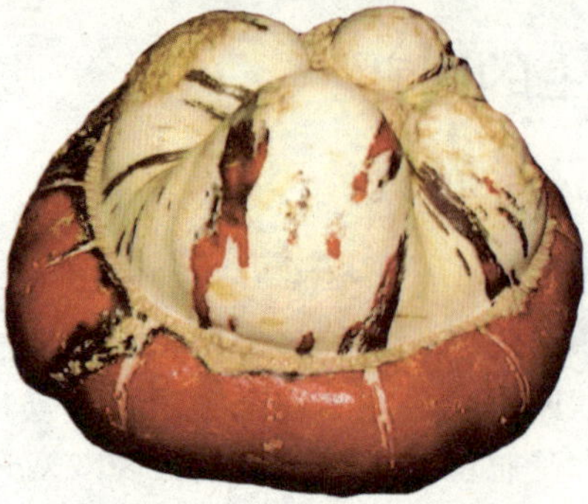

↑↓“相貌”奇特的鼎足瓜

种而异，多为圆筒形，形如南瓜而较小，又称为桃南瓜，有淡红、橘红等颜色，果柄圆而无棱，基部亦不膨大。果肉呈黄褐或淡黄色，含糖较少。种子为白色。

笋瓜中的金瓜类型，果形奇特，果色多样，花痕部位呈四足状，常作为观赏植物。

笋瓜性味甘平，无毒，加之含糖量低，因此多作为蔬菜或饲料之用。

四方瓜都给大家介绍完了，相信大家也已经发现，这四种瓜名称相似而且同出于葫芦科，算得上是同门子弟了。葫芦科是被子植物中的一个科，科内有 800 多种植物，我国有 130 多种。其中包括黄瓜、南瓜、丝瓜、西瓜等常见的蔬菜和瓜果。

葫芦科称得上是世界上最重要的食用植物科之一，其重要性仅次于禾本科、豆科和茄科。大多数葫芦科的植物是一年生的蔓生植物，它们的花比较大，比较鲜艳，且均是虫媒花。同一植株上分布有雄性和雌性花，雌性的花为子房下位花。

葫芦科最为明显的特点就是它的果实了。实际上葫芦科植物的果实是浆果的一种，被称为瓠果。

正在给葫芦科植物花朵授粉的蜜蜂

芭蕉科与棕榈科

- 香蕉与芭蕉
  - 香蕉
  - 芭蕉
- 鹤望兰——欲飞的花朵
- 棕榈科植物——热带的名片
  - 棕榈
  - 椰子——来自热带的“宝树”
  - 海椰子——庞大无比的“树中之象”
  - 蒲葵——芭蕉扇的原材料
  - 槟榔——醉人的果实

香蕉与芭蕉

若被问起猴子和大象最爱吃什么东西，我们肯定不假思索地答出——香蕉。

香蕉和芭蕉同属于芭蕉科芭蕉属，其色、香、味、形均很相近，要区别它们，得从外形、颜色和味道等方面着手。

香蕉

香蕉属芭蕉科多年生草本植物，性喜温暖。茎直立，由粗厚、覆瓦状排列的叶鞘包叠而成，通称“假干”。叶聚生于假干顶部，老叶向四周张开，呈伞状。穗状花序，花单性，花束基部为雌花，其上为中性花，顶部为雄花，花色因品种而异。香蕉的果实呈长柱形，弯曲成月牙状，果柄短，果皮上有 5~6 个棱，肉质，未成熟时为青绿色，成熟时为黄色，并带有褐色斑点，横断面近圆形，果肉香甜可口，是常见的美味水果。

↑香蕉植株　　→芭蕉植株

芭蕉

芭蕉原产于日本琉球群岛和中国台湾，为多年生草本植物，具有匍匐茎，假茎绿色或黄绿色，高可达 6 米，略被白粉。芭蕉的叶片长圆形，长可达 3 米，顶端钝圆，基部圆形，不对称；中脉粗大，侧脉多且平行；叶柄长，叶翼散张。穗状花序下垂，苞片红褐色或紫色。果实肉质，黄色，成熟后无斑点，横断面为扁圆形，内有种子多枚，味道略酸，远不如香蕉香甜味美。

芭蕉科是单子叶植物纲姜亚纲的一科，芭蕉科植物分 3 属 60 余种，主要分布于亚洲及非洲热带地区。中国有 3 属 12 种，除芭蕉可北达秦岭、淮河露地栽培外，其余各种均产于西南至东南及台湾的热带及亚热带地区。其中的芭蕉属植物多数为常绿大型多年生植物。茎可高达 3~4 米且不分枝。芭蕉属植物的叶子巨大，长可达 3 米，宽约 0.4 米，呈长椭圆形，有粗大的主脉，两侧具有平行脉，叶表面浅绿色，叶背粉白色。花通常为单性，少数为两性。花序直立，整个花序下垂或半下垂。雄花着生于上部的苞片内，雌花则着生于下部的苞片内。果实多为肉质浆果。

芭蕉科植物中经济价值最大的是栽培的香蕉及芭蕉，香蕉及芭蕉果实可作果品，或制成芭蕉干或粉作为食物及用以提制酒精。芭蕉的匍匐茎、香蕉的假干茎及果皮可作为饲料，雄花可作蔬菜，芭蕉的茎皮纤维可作麻，并可织布。

鹤望兰——欲飞的花朵

在芭蕉科中，还有一种外形十分奇特而美丽的观赏花卉，那就是鹤望兰。在新几内亚和澳洲地区，生活着一种美丽的鸟儿——天堂鸟（也称极乐鸟），由于这种花与天堂鸟的羽毛颇为神似，所以，鹤望兰还有一个名字叫做天堂鸟之花（极乐鸟之花），这种花被视为自由、幸福与吉祥的象征。

从这诗一般的名字中，人们不难想象它的高贵和典雅。鹤望兰原产于南非，1973 年被介绍到英国，英国人一见鹤望兰就被其端庄大方、艳丽而又妩媚的姿态所吸引，称其为不可言喻之花卉。鹤望兰在我国也是稀有的名贵花卉，它的花极为娇艳，花蕊呈天蓝色，围在花蕊周围的花萼却是艳丽的橙黄色，而托在底部的苞片又是镶有紫色花边的蓝绿色，整个花形绽开在浓郁挺拔的绿叶中，颇似仙鹤昂首遥望之姿。

鹤望兰是芭蕉科鹤望兰属多年生常绿宿根草本花卉，其植株高 1 米左右，地下具粗壮的肉质根，地上茎则很不明显。鹤望兰的叶分二列对生，具坚挺的长柄，叶柄比叶片长 2 ~ 3 倍，中央有纵槽沟。叶片长椭圆形，或长椭圆状卵形，长约 40 厘米，宽 15 厘米，革质，边缘整齐而稍向内倾。花梗从中央叶腋之间抽生，高于叶丛。花序外有总佛焰苞片，长约 15 厘米，绿色，边缘晕红，火焰状的总苞片内着生着 6~8 朵花。鹤望兰的外花瓣为 3~4 片，橙黄色，内花瓣则为 3~4 片，舌状，天蓝色花，外瓣同内瓣一字排列顺序开放，艳丽悦目。花苞向一侧平伸，恰与花梗呈 45 度角，宛如仙鹤翘首远望一般，国人遂以鹤望兰为这种外来植物命名。

鹤望兰的花期自中秋至翌年盛夏，花期长达 100 天以上。鹤望兰为典型的鸟媒植物，原产地靠体重仅 2 克的蜂鸟传粉，一般需人工授粉后才能正常结果。

↑形如仙鹤昂首遥望般的鹤望兰

↑鹤望兰初绽开的外花瓣

棕榈科植物——热带的名片

在热带及亚热带地区，广泛分布着种类众多的棕榈科植物，约有217属，2500种以上，人们熟知的有：棕榈、椰子、蒲葵、槟榔等。它们大大的叶片在灿烂阳光的照耀下，随着或干热或湿润的风儿摇曳着，构成了热带、亚热带独特而美丽的风景，说它们是热带的名片实在是再贴切不过了。

↑海边的椰子树。蓝天、碧海、棕榈科植物几乎成了热带地区的名片。

棕榈科植物是单子叶植物纲槟榔亚纲的一科，多为常绿乔木或灌木，间为藤本。树干通直，不分枝，常被有叶的宿存的基部，有些种类攀援而多刺。茎单生或丛生，地上不分枝（海菲棕属除外）。叶互生，常聚生于树十的顶端，但在藤本中则散生，叶片极大，螺旋状排列，呈全缘、羽状或掌状分裂，叶柄基部常扩大成一纤维状的鞘。棕榈科植物的花通常较小，多为淡绿色，圆锥花序或穗状花序，花被六裂，两列，裂片离生或合生，通常具雄蕊6枚。棕榈科植物的果实为核果或浆果，外果皮多为纤维质，内果皮坚硬。种子富含油分，棕榈、椰子等均是世界上著名的油料作物。

棕榈科植物主要分布于亚洲、美洲热带地区。巴西是世界上棕榈植物最丰富的国家。我国约有22属70余种，主产于南部和台湾等省。

棕榈

棕榈，也称“棕树”，是国内分布最广、纬度最高的树种。喜温暖、湿润的气候，喜光，但耐寒性也极强，可忍受 -14℃的低温，是我国栽培历史最早的棕榈类植物之一。

棕榈属棕榈科常绿乔木。树干通直，呈圆柱形，不分枝，树干周围包以叶鞘形成的棕皮，树冠伞形。叶片大，集生于树干顶端，掌状深裂，叶柄长而有细刺。初夏开花，花单性，雌雄异株，肉穗花序腋生，长 40 ~ 60 厘米，花淡黄色，有明显的花苞。果熟期为每年的 11 月，核果近球形，淡蓝黑色，表面有白粉。

↑棕榈的果实

棕榈多栽植于庭院、路边及花坛之中，树势挺拔，四季均绿叶葱茏，是一种极佳的观赏植物。另外，棕榈的树干还可用作亭柱等，或制器具，并可提取棕纤维，制成绳索、毛刷、地毡、蓑笠、床垫等，叶可制成扇、帽等工艺品。在中医学上，叶柄基部的棕毛还可入药，主治咯血、崩漏、便血、下痢等症。

→棕榈花的特写

椰子——来自热带的“宝树”

椰子可说是棕榈科中最为人们所熟悉的一种植物了。椰树是一种古老的栽培作物，原产地说法不一，有说产在南美洲，不过大多数人认为是起源于马来群岛。现广泛分布于亚洲、非洲、大洋洲及美洲的热带海滨及内陆地区。我国种植椰子已有2000多年的历史，现主要集中分布于海南各地，此外台湾南部、广东雷州半岛、云南等地也有少量分布。

↑还认识我么？

椰树属棕榈科椰属，为常绿乔木。树干挺直，高可达25~30米，单项树冠，整齐。叶为羽状复叶，全裂，长4~6米，裂片较多，每叶有180~250片小叶，小叶革质，线状披针形，长超过1米。叶腋处生长有佛焰花序，椰树的雄花聚生于分枝上部，雌花散生于下部；雄花具鳞片状的萼片，花冠开裂为3瓣，革质，花冠呈卵状长圆形，长1~1.5厘米；雌花基部有小苞片数枚，花瓣与萼片相似，但较小。椰树的果实为核果，圆形或椭圆形，顶部三棱，成熟时褐色，椰肉（即胚乳）白色，富含脂肪，可供食用或榨油，胚乳内部的汁液可作饮料，清如水、甜如蜜，晶莹透亮，是极好的清凉解渴之品。

椰子除了其果实有很大的作用外，其他部分的功用也不小：椰壳可以烧制活性炭或加工成各种器皿、椰雕、乐器；椰干可加工成椰油；椰木质地坚硬，花纹美观，可做家具或建筑材料。椰子的综合利用产品达360多种，在国外有“宝树”、“生命木”之称。

←椰树是南方热带沿海地区的特有植物。

海椰子——庞大无比的“树中之象”

棕榈科还有一种很独特的植物。在非洲塞舌尔群岛的普勒斯兰岛和居里耶于斯岛上，出产一种特别的椰子树——海椰子。

海椰子属于棕榈科海椰子属，其树高 20~30 米，树叶呈扇形，宽 2 米，长可达 7 米，最大的叶子面积可达 27 平方米，很像大象的两只大耳朵。由于整棵树庞大无比，所以，人们称它为“树中之象”。

海椰子树最令人称奇的是它那硕大的果实。海椰子的果实横宽 25~50 厘米，外面长有一层海绵状的纤维质外壳，剥开外壳后就是坚果。海椰子的一个果实重量可达25 千克，其中的坚果就有 15 千克，是世界上最大的坚果，被称为“最重量级椰子”。

←海椰子的雄花

→世界上最大的坚果——海椰子的果实

海椰子树分为雌雄两种，雄树高大，雌树娇小，生长速度都极为缓慢，从幼株到成年需要 25 年的时间。雄树每次只开一朵花，花长 1 米有余。雌株的花朵要在受粉两年后才能结出小果实，待果实成熟又得等上七八年时间。一棵海椰子树的寿命长达千余年，可连续结果 850 多年。最神奇的是，这种树雌雄双株总是相依而生，树的根系在地下紧紧缠绕在一起，若其中一棵树早夭，另一棵也不会独活。此外，海椰子的坚果好像是合生在一起的两瓣椰子，因此，塞舌尔人将其誉为“爱情之果”。

海椰子坚果内的果汁稠浓至胶状，味道香醇，可食亦可酿酒，果肉熬汤服用，可治疗久咳不止，并能止血。海椰子的椰壳经雕刻镶嵌，可作装饰品。

海椰子虽然如其他椰子一样可以在海上漂浮，随海水远走他乡，却不能在海滩上生长。因此，海椰子目前只在塞舌尔出产，加上它的生长十分缓慢，百年才能长成，果实要 7 年才能成熟，愈发显得珍贵。海椰子的产地被塞舌尔政府划为“天然保护地”，因此，海椰子树得到当地政府和人士的精心呵护。作为塞舌尔的国宝，海椰子不仅一颗售价就高达几百美元，还需要经过政府的批准才能够被携带出境。

↑蒲葵叶片特写

蒲葵——芭蕉扇的原材料

蒲葵是棕榈科中另一种常见的常绿乔木，它原产于中国南部亚热带地区，福建、广东广为栽培，东南亚各国也有分布。

蒲葵为单干树木，树干粗壮直立，老茎中部很粗，茎表面还有少量棕皮和叶鞘包被。蒲葵的叶子很大，叶柄粗壮，且长度可达1米左右，叶簇生于茎顶，掌状多裂，而中央区不分裂，叶联合呈扇状，叶片先端下垂，叶腋处着生有肉穗花序，分枝多且结构疏散。蒲葵为雌雄异株植物，小花黄色，花冠开裂为3瓣。果实为椭圆形核果，形如橄榄，果肉柔软多汁，成熟后为蓝黑色，外表覆盖有蜡质，9~10月果熟。

蒲葵通常大量盆栽，常用于庭院、道路绿化，干外纤维鞘可用于制绳索，果、根、叶均可入药。此外，它的叶片还常被用来做蒲扇，也就是我们所说的芭蕉扇了。

→蒲葵的花

槟榔——醉人的果实

900多年前，贬居海南岛的苏东坡曾即兴写下了“两颊红潮增妩媚，谁知侬是醉槟榔”的诗句，描绘的就是当地的黎家少女嚼食槟榔后面红耳赤目眩，如醉酒一般的情景。

↑槟榔的雄花

槟榔是棕榈科中的常绿乔木，它原产于东南亚地区，在我国福建、广东、云南、台湾等地也广有栽培。

槟榔树的外貌与椰子树相似，树干高而挺拔，不分枝，叶脱落后形成环纹。叶在顶端丛生，羽状复叶，叶面光滑，总叶柄三角状，有长叶鞘，小叶披针状线形或线形，先端呈截断状。槟榔每年开花两次，花期3～8月，冬花不结果。槟榔的花单性，雌雄同株，肉穗花序，花序着生于最下一叶的叶基部，有佛焰苞状大苞片，长倒卵形，光滑，花序多分枝，雄花生于花序顶端，雌花生于基部。槟榔每年12月至翌年2月结果，果实长椭圆形，熟时红色，花萼和花瓣宿存，中果皮厚，内含一粒种子，种子富含槟榔碱和鞣酸等。

槟榔的果实可食，南方一些地方尤其是海南等地的人们，有咀嚼槟榔的习惯，愈嚼愈香，醇味醉人。海南人一直把槟榔作为上等礼品，认为“亲客来往非槟榔不为礼。”宋代《岭外代答》一书中曾写道：“客至不设茶，唯以槟榔为礼。”在黎族的婚俗中，槟榔甚至被作为定情的信物，逢男女定亲之日，男方一定要给女方送一篮槟榔以表爱慕。

槟榔的种子也是中医学上常用的一种药材，是我国四大南药之一，有止泻治痢、杀虫去积等功效，别名“洗瘴丹”。

↑槟榔的植物学示意图

娇艳的茄科植物

- 番茄——昔日的毒狼桃，今日的美味
- 辣椒——享受“痛”的折磨
- 枸杞——茄科的“红姑娘”
- 曼陀罗——茄科的剧毒精灵

番茄——昔日的毒狼桃，今日的美味

↑美艳又美味的番茄果实

番茄，从它名字中的“番”字我们就能看出：它是个“外来的和尚”！事实上，也确实如此。番茄原产于南美洲，直到明朝时才传入我国。由于番茄的外形很像柿子，所以也被称为“番柿”，它还有个俗称——西红柿，其实，番茄属于茄科，而柿子属于柿科，二者间并无亲缘关系。

番茄最早生长在南美洲，当地人给它起名为“狼桃”，以表示这种植物的可怕。原来，番茄的果实在未成熟、外表还呈青色的时候含有一种称为龙葵碱的生物碱甙，这种化学物质进入人体后能够被胃酸溶解，对胃肠黏膜有较强的刺激作用，对中枢神经有麻痹作用，会引起呕吐、头晕、流涎等症状，严重者还会出现中毒症状。这种物质直到果实变红才会消失。

18 世纪，一位法国画家在写生时，见番茄的浆果美艳动人，于是“冒险”吃了一颗，食后不但没有任何不适，反觉甜酸可口。从此，番茄才被用作食品。

番茄属茄科一年生草本植物，植株分为有限生长和无限生长两种类型。植株外表生满了具有黏性的短小软毛，有强烈气味；叶为羽状深裂；总状或聚伞花序腋外生，有花 3～7 枚，黄色，花萼及花冠各 5～7 裂，雄蕊 5～7 枚，花药合生成长圆锥状；番茄的果实为浆果，呈扁圆、圆或樱桃状，红色、黄色或粉红色。种子扁平，有毛茸，灰黄色。

番茄的果实中含有丰富的维生素、矿物质、碳水化合物及少量的蛋白质，有促进消化、利尿、抑制多种细菌、保护血管、推迟细胞衰老、增加人体抗癌能力、促进骨骼钙化等作用。番茄不仅可作为水果生食，还可作为蔬菜烹食，亦可制成罐头食品或番茄酱等调味料。

番茄叶

辣椒——享受“痛”的折磨

↑一根在墨西哥发现的1500年前的辣椒

↓妈妈，我到底是谁啊？

除了番茄之外，茄科还有一种我们熟知的植物——辣椒。

辣椒原产于南美洲的热带地区。一直到15世纪末，在哥伦布发现美洲之后，辣椒才被带回欧洲，并由此传播到世界其他地方。而辣椒被四川人称为海椒，也正说明它是从海外传入的。据史学家考证，明代李时珍《本草纲目》还没有辣椒的记载。辣椒在明末才从美洲传入中国，名曰“番椒”，在最初只是被作为观赏作物。据明朝《草花谱》记载，最初吃辣椒的中国人都在长江下游，即所谓“下江人”。下江人尝试辣椒之时，四川人尚不知辣椒为何物。有趣的是，辣椒在中国最先见于江浙、两广，但却没有在那些地方被充分利用，反而是在长江上游、西南地区兴盛起来。到了清代嘉庆以后，黔、湘、川、赣几省已经“种以为蔬”，“无椒芥不下箸也，汤则多有之。”

辣椒，又叫番椒、海椒、辣子、辣角、秦椒等，是茄科辣椒属的一年生草本植物，在热带则是多年生的灌木。辣椒的叶片呈卵圆形，无缺刻，单叶互生。花单生或簇生，呈白色或淡紫色，花萼杯状。辣椒的果实为浆果，通常呈圆锥形或长圆形，有朝天或向下之分；辣椒果未成熟时呈绿色，成熟后变成红色或橙黄色，也有彩色的品种，会呈现出紫色、褐色等，味辛辣或极辣。辣椒的种子藏于辣椒果实中，形状多数为肾形，颜色为淡黄色。

世界驰名的泰辣椒

辣椒的花

人们通常将辣椒的味道称为"辣味"，而且有不少人对这种"辣味"无比喜爱。事实上，我们舌头的味蕾并没有感受辣的区域，辣椒的辣其实是辣椒中的辣椒素刺激人的神经末梢产生的一种痛觉，既然是痛觉，那为什么喜食辣椒的人，在被辣椒辣得嘴巴发烧、泪汗直流时，还要继续大口地食用这种带来强烈痛觉的植物呢？曾有一种心理学的解释是，这与脑部对辣椒的反应有关——当身体受到辣椒"侵袭"而感到痛苦时，以为身体受了伤的脑部就会迅速释放内啡肽，内啡肽是一种天然止痛剂，能够缓解身体的痛苦，会使人感到轻松兴奋，产生快感。这大概就是人们对辣椒欲拒还迎的原因吧。

↑辣椒的剖面

龙文小百科 世界上最辣的辣椒

辣椒辣的程度并不一致，通常，红色的辣椒要比绿的辣，绿的则比紫色、黄色、黑色的辣椒辣。1912年，美国的帕克戴维斯药厂的制药师斯维科尔通过测定辣椒中辣椒素的含量，发明了一种测定辣度的方法，将辣的程度分为0～30万单位，这种方法一直沿用至今。在当时，没有辣味的西班牙甜辣椒辣度为0单位，而墨西哥的哈巴涅拉辣椒辣度最高，为30万单位。后来，在印度东北部山区又发现了一种辣椒，辣度超过100万单位，被吉尼斯确认为世界上最辣的辣椒。

←其貌不扬的魔鬼辣椒

辣椒中维生素C的含量在蔬菜中居第一位，此外，辣椒中还含有丰富的β－胡萝卜素、叶酸、镁及钾等人体必需的化学物质。辣椒中的辣椒素还具有抗炎症及抗氧化作用，有助于降低心脏病、某些肿瘤及其他一些随年龄增长而出现的慢性病的风险。经研究发现，辣椒可增加人体的能量消耗，有减肥功效。以前人们认为，经常吃辣椒会刺激胃酸的分泌，甚至引起胃溃疡。但事实刚好相反，辣椒素会抑制胃酸的分泌，刺激碱性黏液的分泌，有助于预防和治疗胃溃疡。只是在胃溃疡已经发生的情况下再进食辣椒才会因伤口受到刺激而加重病情。

龙文小百科 有效的解辣方法

食用辣度过高的辣椒会使人产生疼痛、流泪、发热等不适，许多人会通过喝水来缓解，但效果并不明显，这是因为辣椒素会紧紧地与味觉器官上的神经受体相结合，并且辣椒素为非水溶性物质，它只能与脂肪、油类及酒精相结合，所以即使经过大量水的清洗，辣椒素还是会留在味蕾上面。这也就不难解释为什么啤酒比水更容易冲淡辣味。不过最好的缓解辣味的食物应是牛奶，尤其是脱脂牛奶，经研究发现，牛奶中的酪蛋白，能够有效地同辣椒素相结合，从而使其脱离口腔，停止辣味对人的折磨。

枸杞——茄科的“红姑娘”

↑干制的枸杞果实——枸杞子

枸杞自古就被誉为生命之树，早在4000多年前的殷商文化中，就已经有了关于枸杞的记载，古人认为常食枸杞可“留住青春美色”、“与天地齐寿”，因此，枸杞花被称为“长生花”，枝条被称为“仙人杖”、“西王母杖”。秦始皇曾为了长生不老，费尽心机寻求长生之药，宫中被视为三大处方秘药——返老还童丸、七宝美髯丹、延龄固本丸，其中都有枸杞的成分。

枸杞的花

枸杞鲜艳的果色，娴静的姿容，也为其赢得了另一个好听的名字——红姑娘。

枸杞在我国各地均有野生，甘肃、宁夏、青海、陕西、河北、广东等地栽培较多。

枸杞属茄科多年生落叶灌木，株高约2米，多分枝，枝细长，拱形，有条棱，常有刺；单叶互生或簇生，卵状披针形或卵状椭圆形，全缘，先端尖锐或带钝形，表面淡绿色；花单生或簇生于叶腋，紫色，漏斗状，花冠5裂，裂片长于筒部，有缘毛，花萼3~5裂；浆果卵圆形，呈艳丽的红色，即枸杞子。

从古至今，枸杞在祖国的传统医学中一直具有十分重要的地位，其药用价值备受历代医学家的推崇，被人们视为能够强身健体、益寿延年的十全十美的滋补极品、神品。其嫩茎、叶可作蔬菜。中医学上以果实（枸杞子）、根皮（地骨皮）入药。枸杞子性平、味甘，有补肾益精、养肝明目的功效，而且还是中医学上常用的防治癌症的药材。地骨皮则有清虚热、凉血的功效，对虚劳发热、盗汗、咯血等病症有良好的疗效。

曼陀罗——茄科的剧毒精灵

传说中，有一种黑色的曼陀罗，每一株黑曼陀罗花中都住着一个精灵，每一个精灵都可以帮你实现心中的愿望！但这同时也是一场交易，条件是鲜血！只有用自己的鲜血去浇灌那黑色妖娆的曼陀罗花，花中的精灵才能实现你心中的愿望！因为这妖娆的花儿们热爱这热烈而又致命的感觉！

传说终究是传说，其实这传说的起源就在于这花含有剧毒，会对人产生绝对致命的伤害，并会使人产生幻觉。我国古代诸多文学作品中常常提及的蒙汗药就是以这种植物制成的，三国时期著名的医学家华佗发明的麻沸散的主要有效成分就是曼陀罗。埃及人宴客时，也常会把曼陀罗花果拿给客人闻，因为曼陀罗花果富有迷幻药的特性，可以让客人有迷幻感。雨果在他的名著《笑面人》当中也曾描述了狂人医生苏斯使用曼陀罗花的过程，“他熟悉曼陀罗花的性能和各种妙处，谁都知道这种草有阴阳两性。”可见，曼陀罗的阴性力量总是四处不乏知音。

龙文小百科

曼陀罗——圣贤的坛场

在藏传佛教中，我们也常会看到曼陀罗的词汇，但它却另有含义。

曼陀罗在梵文中写作mandala，也常被译作曼茶罗、满达、曼扎、曼达，意为坛场，指一切圣贤、一切功德的聚集之处。曼陀罗是僧人和藏民日常修习秘法时的“心中宇宙图”，共有四种，以圆形或正方形为主，相当对称，有中心点。在藏传佛教中，供奉曼陀罗是积聚福德与智慧最圆满而巧妙的方法。

←曼陀罗花在黑暗中绽放着，散发着致命的诱惑。

→黑色的曼陀罗就这样幽然地绽放着，魔咒般摄人心魄。

↑曼陀罗的植物学结构图

曼陀罗原产热带及亚热带地区，我国各省均有分布。在我国，曼陀罗又叫风茄儿、疯茄花、洋金花、野麻子、醉心花、狗核桃、万桃花、闹羊花等。属茄科曼陀罗属，一年生草本植物。

曼陀罗的茎粗壮直立，上部常呈二叉状分枝，株高 50～150 厘米，全株光滑无毛，有时幼叶上有疏毛；单叶互生，叶片呈卵圆形，边缘具不规则的波状浅裂或疏齿，具长柄，脉上生有疏短柔毛；夏秋季节开花，花两性，单生于叶腋或枝杈处，花萼 5 齿裂筒状，花冠漏斗状，白色至紫色，在其原产地尚有绿、紫、红、蓝及重瓣等多品种；蒴果直立，表面有硬刺，卵圆形，成熟时四瓣裂；种子稍扁肾形，黑褐色。

←从左至右：未成熟的果实、成熟开裂的果实、成熟果实俯视图

曼陀罗花全株有剧毒，以花、果实特别是种子毒性最大，嫩叶次之，干叶的毒性比鲜叶小。其主要成分为莨菪碱和阿托品等，具有兴奋中枢神经系统、阻断M—胆碱反应系统、对抗和麻痹副交感神经的作用。中毒的主要临床表现为口、咽喉发干、吞咽困难、声音嘶哑、脉快、瞳孔散大、谵语幻觉、抽搐等，严重者进一步发生昏迷及呼吸困难、脏器衰竭等导致死亡。

但是，曼陀罗的叶、花、种子均可入药。以花入药，名为“风茄花”、“洋金花”，临床上应用的洋金花主要为白曼陀罗的花，味辛、性温，有平喘、止痛的功能，主治咳逆气喘、胃痛等；以紫曼陀罗的种子入药，名为“风茄子”，外用，主治风湿痹痛等。

曼陀罗花像精灵般突兀地立在医药和毒药的交叉点上，它用分外妖冶的花色吸引着人们的眼球，让人们不由自主地去追捧它，使得我们很难分辨其中的掌声——哪些是针对它独特的药性，哪些又是由于拜倒于它充满媚惑的威力之下而发出的赞叹。

↑妖艳的曼陀罗

龙文小百科 曼陀罗的花语

传说中，曼陀罗有很多种颜色，它们神秘而安静地开放着，它们的魔力令人们充满了向往或是恐惧。

紫色曼陀罗——恐怖。

蓝色曼陀罗——诈情，骗爱。

粉色曼陀罗——适意。

绿色曼陀罗——生生不息的希望。

黑色曼陀罗——不可预知的黑暗、死亡和颠沛流离的爱。凡间的无爱与无仇，被伤害的坚韧创痍的心灵，生的不归之路。

金色曼陀罗——敬爱，天生的幸运儿，有着永不止息的幸福。

白色曼陀罗——情花，如用酒吞服，会使人发笑，有麻醉作用。是天上的花朵，白色而柔软，见此花者，恶自去除。

世界的口粮

- 麦——芒刺下的穗粒
- 稻——沉甸甸的成熟
- 玉米——翠衣黄金塔

麦——芒刺下的穗粒

“五谷”

“谷”原来是指有壳的粮食，如稻、稷、黍等。在《论语》出现之前，是没有“五谷”这个概念的，我们在《诗经》和《书经》中看到的有关农作物的描述是“百谷”。从《诗经》中的百谷到《论语》中的五谷，是不是粮食的种类减少了呢？其实并非如此。春秋时期，人们往往把一种作物的几个不同品种一一起上专名作为一种单独的植物来对待，如此一来，谷物的种类可就浩如烟海了，而且，“百”字在古汉语中不过是用来指多的意思。“五谷”一词的出现，标志着人们已经有了比较清楚的植物分类概念，他们已经懂得通过植物的外形和生长习性来区分不同的作物种类。

↑在古代，认得五谷比识文断字重要得多。

在《黄帝内经》中，“五谷”被定义为“粳米、小豆、麦、大豆、黄黍”，而在《孟子腾文公》中则称“稻、黍、稷、麦、菽”为五谷，在佛教祭祀时又称“大麦、小麦、稻、小豆、胡麻”为五谷。通过现代的植物分类学观点对这些内容进行分析，我们最终将“五谷”浓缩为两个答案：第一种指稻、黍、稷、麦、菽，第二种则是麻、黍、稷、麦、菽。这两种说法结合起来就得到了六种作物，其中麻即我们今天的大麻，是当时制造衣物的主要原料。如果五谷单纯指粮食作物的话，它理应指稻、麦、黍、稷、菽五种。

这五种粮食作物除了菽（即豆类）之外，其他四种均属禾本科植物。据估计，全世界的耕地中有超过90%用于种植禾本科作物。禾本科在世界分布有660属近10000种，其数量之多，居高等植物之冠。禾本科植物的环境适应能力普遍很强，足迹遍及全球，是人类粮食和牲畜饲料的主要来源，也是加工淀粉、制糖、酿酒、造纸、编织和建筑方面的重要原料。

←东汉时期《弋射收获图》画像砖

↑脱去颖壳的麦粒

麦

麦是禾本科一二年生草本植物，在我国栽培的种类很多，有小麦、大麦、燕麦、黑麦等，其中尤以小麦、大麦两种分布最广。在这里我们主要讲述一下在我国栽培最为广泛的小麦。

小麦是禾本科小麦属的植物，它是我国北方主要的粮食作物，主要的产区分布在我国的中原地区。小麦在中原地区的种植史已经超过了4000年，如此久远的历史甚至让人们认为小麦原产于我国，也有一些科学家提出了零星的佐证试图说明这一点，不过更多的考古学家和植物学家认为小麦原产于中亚和西亚地区，在5000年前才经由新疆传入我国，到了春秋时期，小麦在中原地区推广种植，成为当时重要的粮食作物之一，不过其地位仍然比不上我国原产的粟和黍。

在春秋之前，小麦同粟和黍一样是在春天播种、秋天收获的。不过小麦这种作物的幼苗耐寒性很好而种子耐寒性却很差。我国北方春天少雨，土壤干燥，小麦种子很容易受到破坏。随着对小麦生长习性的认识，人们发现我国北方秋季多雨适合播种小麦，冬季的幼苗又能挺过严寒。到夏初则刚好能够收获从而弥补了粟黍夏季青黄不接的情况。“冬麦”的名称也由此得来。冬麦的播种方式巧妙地避开了北方的少雨季节，由于其具备夏季收获的特点而逐渐成为了北方的重要种植作物。

小麦为一二年生草本植物。小麦的茎秆中空或基部有髓，有分蘖；叶片呈长披针形；颖花呈穗状花序排列，整个穗子直立，穗轴延续而不折断；小穗单生，含

3～5朵花，且穗上部的花不育；种子外面被有颖片，颖片革质，卵圆形至长圆形，外稃为船形，顶端有芒或无芒，其形状、色泽、芒的长短等随品种而异；果实为颖果，通常较大，外形为长圆形，顶端有毛，腹面具深纵沟，不与稃片粘合而易脱落。

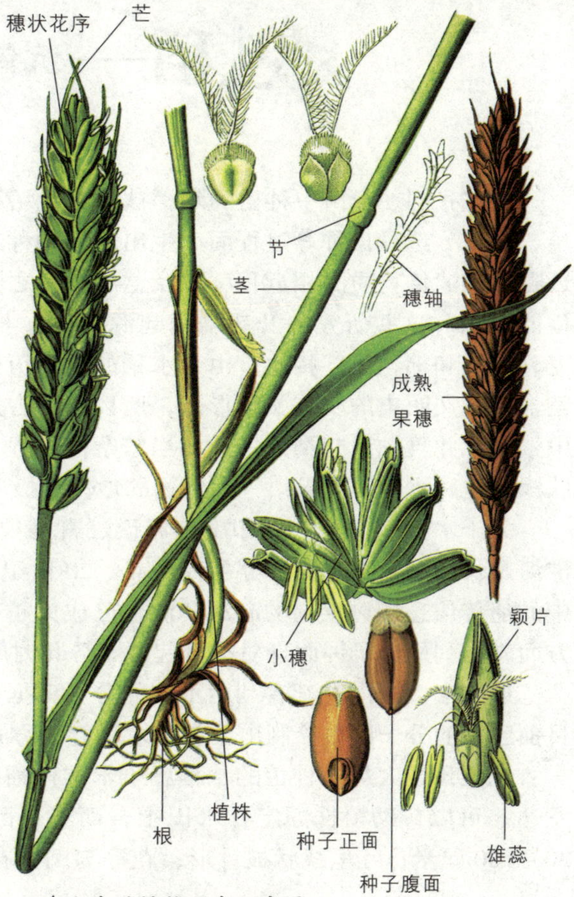

↑小麦的植物形态示意图

小麦的颖果富含淀粉、蛋白质、脂肪、矿物质、硫胺素、核黄、烟酸及维生素A等。因品种和环境条件不同，营养成分的差别较大。从蛋白质的含量看，生长在大陆性干旱气候区的麦粒质硬而透明，含蛋白质较高，达14%～20%，面筋强而有弹性，适宜烤面包；生长于潮湿条件下的麦粒含蛋白质8%～10%，麦粒软，面筋差，可见地理气候对产物形成过程的影响是十分重要的。面粉除供人类食用外，还有少量用来生产淀粉、酒精、面筋等，加工后副产品均为牲畜的优质饲料，麦秆还可用作编织和造纸等的原料。

成熟的小麦

←↑有了小麦的大面积种植，才为中国的包子、饺子、烧卖等传统美食的出现提供了可能。

稻——沉甸甸的成熟

现在我们在水田中种植的水稻被称为栽培稻，是野生稻种经过人类上万年的栽培、驯化、选择良种等过程而产生出来的物种。科学家们针对水稻及其亲缘关系接近野生种遗传物质的相近程度以及这些物种之间的演化关系开展了长期的研究，希望能够依靠这些研究揭开栽培稻起源之谜。与其他几大作物（如小麦、玉米、大麦、大豆和棉花等）相比，由于水稻的种植历史悠久，分布范围广泛，触及了几乎整个人类文明史的所有文化形态，所以要将古人对于水稻所记载的只言片语全部集中整理，并且加以归类是一个相当繁杂的过程。目前人类对水稻起源的认识仍十分肤浅，这和水稻居世界第一大作物的地位是极不相称的。

关于水稻起源地，有印度起源说、喜马拉雅山东南起源说、我国华南起源说、淮河及长江中下游起源说等多种观点。20 世纪 80 年代以来，利用基因或 DNA 片段中的遗传信息探讨生物的起源和演化已成为越来越重要的研究手段，其中一个重要方面就是利用分子钟原理对类群起源和分化时间进行估计。

近年来，国内外学者利用不同的分子证据对栽培稻的起源进行了探讨，并根据目前已有的分子证据绘制出了有关水稻起源方式的演化“路线图”。

现在我国大规模种植的水稻属于禾本科稻属，一年生栽培谷物。水稻的不定根发达，可以帮助植株固定在水田中，而不会因外力轻易移动；茎秆直立，通常高 30 ~ 100 厘米；叶呈线状披针形；花序为圆锥花序，且是自花授粉。小穗为长圆形，

↓这些低垂的沉甸甸的稻穗，是否也有“我从哪里来？要到何处去”的思考呢？

两侧压扁，每个小穗含3朵小花，颖极退化，仅留痕迹，顶端小花两性，外稃舟形，有芒；雄蕊6枚；退化2花仅留外稃位于两性花之下，常误认作颖片。水稻的果实属于颖果，是其食用部位，水稻的颖果也是世界主要粮食作物之一。

稻并非全都在水环境中生长，其中有一种旱稻就是土生植物，不过大多数的水稻都在热带、亚热带和温带等地区的沿海平原、潮汐三角洲和河流盆地的淹水地栽培，因此也得名水稻。

→白色的稻花

↓金黄的稻穗

1974年，袁隆平成功地用科学方法培育出了世界上的首例杂交水稻，令水稻的产量大幅增加，被人们亲切地称为“杂交水稻之父”。早在20世纪60年代，袁隆平就敏锐地意识到：对于雌雄同花、通常是自花授粉的水稻，要实现其自然杂交并产生杂交优势的关键就在于要培育出雄性不育的植株。于是，袁隆平带领团队对世界上几百个稻种不懈地探索，终于在海南岛找寻到一种能够自然杂交的被称为“野稗”的野稻，并成功地与现有水稻配种出一些组合稻种。这些组合稻种无法自体授粉，而需依靠旁株稻种的雄蕊授粉，但产量大幅提高。不过最初的几年，培育出的新稻种虽然穗量增加，而且多数雄蕊没有花粉，但其中有的却依然能够产生花粉，通过自花授粉产出下一代，而且稻量不丰；袁隆平并没有放弃，经过了近9年的不断努力，奇迹终于展现在人们眼前：上万株的新稻雄花均没有花粉，完全达到杂交的要求，这就是袁隆平的三系（雄性不育系、保持系——使后代保持雄性不育的性状、恢复系——恢复雄性可育能力）法杂交水稻。

自此，杂交水稻开始在全国大面积推广，并取得了巨大的经济效益。

↑不仅是敏锐的科学头脑，还有日复一日、年复一年辛勤的田间劳作，才使袁隆平取得如此伟大的科学成就。

1987 年，袁隆平高瞻远瞩地提出了“杂交水稻育种的战略设想”，即通过三系法为主的种间杂种优势的利用，发展出两系法为主的籼粳亚种杂种优势利用、一系法为主的远缘杂种优势利用。

到 1988 年，全国杂交稻面积已有 1.94 亿亩，占水稻面积的 39.6%，10 年间全国水稻累计增产 1 亿吨以上，增加总产值约 280 亿元，取得了巨大的经济效益和社会效益。群众交口称赞：中国人靠两“平”解决了吃饭问题！一靠党中央政策的高水平，二靠袁隆平的杂交稻。

早在 1979 年，袁隆平的杂交稻技术便作为中国的第一项农业专利技术，成功地输出美国，如今，杂交水稻更是已经在世界范围内广泛栽培，袁隆平的水稻杂交技术为世界粮食安全做出了杰出贡献，据不完全统计，增产的粮食每年解决了 7000 万人的吃饭问题。

自 1981 年袁隆平的杂交水稻成果在国内获得建国以来第一个特等发明奖之后，陆续获得了多项国际性科学大奖。印度前农业部长，曾任国际水稻研究所所长的斯瓦米纳森博士高度评价说：“我们把袁隆平先生称为‘杂交水稻之父’，因为他的成就不仅是中国的骄傲，也是世界的骄傲，他的成就给全人类带来了福音。”

这弓着的腰背，是否令你感到粮食的得来不易呢？

玉米——翠衣黄金塔

←籽粒饱满的玉米果实

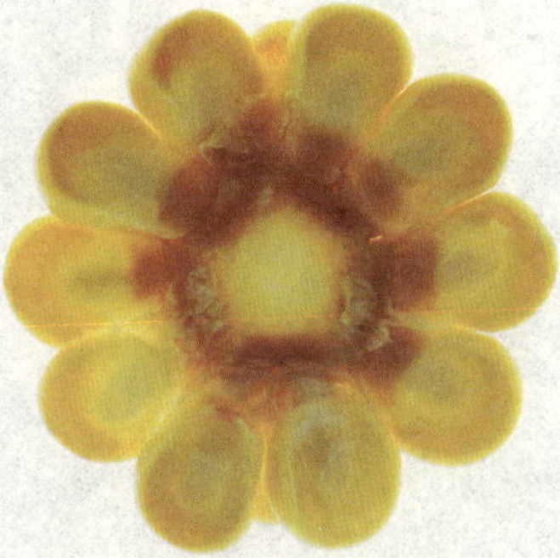

↑玉米果实的剖面图

你说奇怪不奇怪？头上长出胡子来。脱下衣服七八层，露出全身珍珠来。

你知道这则谜语的答案吗？就是玉米。

玉米也称“玉蜀黍”、“苞谷”、“苞米”等，是禾本科一年生草本植物。玉米植株高1~4.5米；根系强大，为须根系，除胚根外，还从茎节上长出节根：从地下节根长出的称“地下节根”；从地上茎节长出的节根称“支持根”、“气生根”。茎秆粗壮，呈圆筒形。有叶15~22片，叶宽大，线状披针形，叶缘常呈波浪形。花单性，雌雄同株，雄花生于植株顶端，为圆锥花序；雌花生于植株中部叶腋内，为肉穗花序，外有总苞。

按照玉米籽粒的性状，玉米可分为马齿型、硬粒型、爆裂型、蜡质型、甜质型、甜粉型、粉质型、有稃型等八种类型，其中以马齿型和硬粒型两种栽培最为广泛。根据玉米的粒色和粒质，还可将其分为：黄玉米（种皮黄色，包括略带红色的黄玉米）、白玉米（种皮白色，包括略带淡黄色或粉红色的玉米）、糯玉米（富含黏性的玉米）、杂玉米（以上三类玉米中混有本类以外的玉米超过5.0%的玉米）。依照玉米的品质，则可将玉米分为常规玉米和特用玉米两类。

↑玉米的花

龙文小百科 什么是“特用玉米”？

特用玉米指的是除常规玉米以外的各种类型玉米如甜玉米、糯玉米和爆裂玉米，新近发展起来的特用玉米有优质蛋白玉米（高赖氨酸玉米）、高油玉米和高直链淀粉玉米等。由于特用玉米比普通玉米具有更高的技术含量和更大的经济价值，国外把它们称之为“高值玉米”。

↑美丽而慈惠的玉米女神

玉米性喜高温，适宜疏松肥沃的土壤。据考证，玉米原产于南美洲，早在7000年前，美洲的印第安人就已经开始种植玉米了，随着西欧殖民者侵入美洲，玉米种子被大量带回欧洲，之后，玉米开始在亚洲和欧洲被广泛种植。大约在16世纪中期，中国开始引进玉米，18世纪又传到印度。到目前为止，世界各大洲均有玉米种植，其中北美洲和中美洲的玉米种植面积最大。

玉米是三大粮食品种之一，为解决人类的温饱问题起到很大作用。时至今日，玉米仍然是全世界各国人民餐桌上不可或缺的食品：在“玉米的故乡”墨西哥，“国菜”——玉米饼的年消耗量达到1200万吨之多，人们无论贫富贵贱都非常喜欢食用；在发达国家和地区，玉米也被作为补充人体所必需的铁、镁等矿物质的来源而被人们广泛食用；在某些贫困国家和地区，玉米依然是人们廉价的果腹之物。

玉米中含有丰富的维生素 B_6、烟酸等成分，具有刺激胃肠蠕动、加速粪便排泄的特性，可防治便秘、肠炎、肠癌等，是粗粮中的保健佳品，对人体的健康颇为有利。玉米须（玉米的花柱和柱头）还是中药中常见的药材，性平、味甘淡，有利尿消肿之功。而且，玉米在工业上的用途也甚为广泛，可制做淀粉、酒精、塑料等，其茎秆、叶、穗等还是良好的青饲料。

桑科几大员

- 桑与绸
- “实而不华”的无花果
- 菩提——禅之树
- 此波罗蜜非彼波罗蜜

桑与绸

在古代的欧洲，丝绸向来都是与黄金相提并论的，几个著名的帝王如亚历山大、恺撒等在大的战役后都是以珠宝、丝绸和奴隶来计算自己战果的。那条由张骞打通、连接了远东与地中海各国的道路，由于向西方输入了丝绸而被称为“丝绸之路”。

↓白胖的蚕宝宝和嫩绿的桑叶

↑这便是蚕茧了。

丝绸，是由蚕的蚕茧抽丝后编制取得的天然蛋白质纤维，再经过精心编制而成的纺织品，具有其他纤维及加工品无法替代的独特性能。

丝绸织品技术曾被中国垄断数百年，由于其编制技术在当时是一种复杂的工艺，其特有的手感和光泽倍受人们的关注，因而丝织品成为工业革命以前世界主要的国际贸易物资。最早丝绸织品只有帝王才能使用。并且，中国是严密控制着丝绸织造业和养蚕业的技术流传，禁止其流向国外。但丝绸业的快速发展令丝绸文化不断从地理上、社会上由中国渗透入周边国家。

↑花纹美丽、质地精良的丝绸织品

传说欧洲之所以有丝绸是由于几名为东罗马帝国皇帝工作的僧侣冒死将蚕种放在中空的

手杖中，并私自从中国带出，辗转到达君士坦丁堡，如此一来，丝绸才得以最终流入欧洲。虽然这个传说的可信度并不高，但随后的拜占庭人确实发展了丝绸编制技术，并在皇宫庭院内设立了蚕室和缫丝机，为皇帝服务。当时拜占庭所有的土产丝绸大多被皇室成员享用，剩余的材料也能以非常高昂的价格卖到市场上。

桑蚕属寡食性昆虫，喜食桑叶，此外，蚕也能吃柘叶、楮叶、榆叶、鸭葱、蒲公英和莴苣叶等，然而桑叶却是蚕最适合的天然食料。可以说，没有桑树，也就不会有丝绸的产生了。

我国是世界上最早开始种桑养蚕的国家，这也是中华民族对人类文明的伟大贡献之一。据传说，上古时代黄帝的元妃嫘祖发明了养蚕缫丝技术，是丝绸的伟大发明者。在商代，甲骨文中已出现桑、蚕、丝、帛等字形。到周代，采桑养蚕已是常见的农事活动了。春秋战国时期，桑树已成片栽植。

↑紫红的桑葚在绿油油的叶子衬托下，着实令人垂涎欲滴。

桑是桑科桑属植物的泛称，种类颇多，主要有山桑、白桑、鲁桑等。桑为落叶乔木，高可达15米左右；叶呈卵圆形，叶长5～10厘米，宽4～8厘米，分裂或不分裂，边缘有锯齿，是蚕最主要的食物；花单性，雌雄同株或异株，穗状花序；桑的果实为聚花果，即桑葚，也称桑果，成熟时一般呈紫黑色或白色，味甜。桑葚含有丰富的活性蛋白、维生素、氨基酸、胡萝卜素、矿物质等成分，营养是苹果的5~6倍，具有多种功效，早在两千多年前，桑葚已是中国皇帝御用的补品，如今更是被医学界誉为“21世纪的最佳保健果品”。

桑的花

诱人的桑葚

青翠的桑园

“实而不华”的无花果

→只见果不见花的无花果

↓无花果的剖面

无花果别名蜜果，为桑科榕属落叶灌木或小乔木。原产阿拉伯南部，后传入叙利亚、土耳其等地，目前在地中海沿岸诸国栽培最盛。

无花果是人类最早栽培的果树之一，从公元前3000年左右至今已有约5000年的栽培历史。相传古罗马时代曾有一株神圣的无花果树，因为曾帮助古罗马创立者罗慕路斯王子躲过了凶残的妖婆和啄木鸟的追赶，而被命名为“守护之神”。在地中海沿岸的一些国家，无花果被称为“圣果”，用作祭祀果品。无花果大约在唐代传入我国，至今约有1300年。目前除东北、西藏和青海外，其他地区均有无花果分布。

在我国南方，无花果作为果树栽培，株高可达4~9米；而在北方只可盆栽观赏，植株通常比较低矮，高度仅有1.5米左右。无花果树的树皮呈暗褐色，皮孔明显，小枝粗壮光洁，节部明显，茎内含有乳汁，因为无花果树根部压力很大，所以一旦树干上出现伤口，这些乳汁就会从伤口处流出。无花果树叶面积很大，厚纸质，成掌状，3~5裂，叶面粗糙，背面生有柔软毛状物。

无花果是由于古人的粗心错误而得名的。因为古人只看到了无花果结出果实，但是在此之前却从未看见其开花授粉。其实无花果并不是无花就结果，花和果实同

←甘甜味美的无花果果实

是植物有性繁殖的器官，缺一不可，“花而不实”或“实而不花”的情况是不会发生的，能够结实的无花果树自然是有花的。

如果我们在无花果发芽长叶后，仔细观察，就能发现在无花果树的叶腋处刚长出小无花果时，摘下一个来就可以看见，在这个小果的顶端有一个小疤痕，细看之下还能发现一个小孔。将这个果子切成两瓣，就能见到在它里面长着很多小花，并且还是两种样子，上部的为雄花，下部的为雌花，而早在这小小的果实形成之前，从叶腋处伸出的花托内部，雄花就已经向雌花传递了花粉，完成了授精的过程。因为整个过程都是在花托中进行，不易被人们观察到，便将无花果讹传成是一种无花而结实的植物了。像无花果这种雌雄花都生长在一个总状花托里的花序，我们称之为隐头花序。

无花果的果实由总花托及其他花器组成，呈扁圆形或卵形，成熟后顶部开裂，黄白色或紫褐色，肉质柔软，味甜，可以鲜食，也可制成果干、蜜饯、果酱等。中医学上还可用果皮入药，有开胃止泻的功效。

↑无花果的植物学结构示意图

↑无花果的幼枝和幼果

龙文小百科　植物的防卫——自交不亲和性

一般来说，因为特殊情况变异而成的基因通常为隐性基因型，它的功能会被正常基因屏蔽，从而无法表现出来。

为了避免近亲繁殖，植物在长期的进化过程中形成了一种机制用来区分到达雌蕊的花粉是否来自自身。在许多植物体中，母体的柱头能够识别自己的或来自别的植株、具有和母体同样基因型的花粉，并且通过一定的方式阻止这种花粉同卵细胞结合，从而抑制花粉的萌发和生长，最终不能受精。但来自于不同株、具有和母体不同基因型的花粉则不受影响，可以萌发和受精。我们将植物体的这种特殊机制称为“自交不亲和性”。

菩提——禅之树

↑在菩提树下修行，终成正果的释迦牟尼。

“菩提”一词为古印度语（即梵文）Bodhi 的音译，意即觉悟、智慧，用以指人忽如睡醒、豁然开悟、达到超凡脱俗的境界等。

相传，在 2500 多年前，佛祖释迦牟尼还是古印度北部的迦毗罗卫王国的王子乔答摩·悉达多时，为摆脱生老病死轮回之苦，解救受苦受难的众生，毅然放弃了王位和舒适的王族生活，出家修行。经过多年的苦修，终于在菩提树下静坐了 7 天 7 夜之后，战胜了各种邪恶诱惑，于天将拂晓、启明星升起的时候，获得大彻大悟，终成佛陀。因此，后世佛教徒一直视菩提树为圣树，在佛教的起源地印度，人们更是将其定为国树。

菩提的近球形果实

菩提树是桑科榕属的落叶常绿乔木。菩提树树干平滑，富含乳浆；树皮黄白色或灰色，皮平滑或微具纵棱，树枝有气生根，侧枝多数向四周扩展，树冠巨大；单叶互生，叶革质，质地光滑，呈三角状卵形，先端有尾状长尖，叶缘平滑微呈波纹状；11 月开花。隐花果生长在叶腋处，一般为双生，果实近球形，表面散布着许多紫色斑点，无柄。

↑菩提树庞大的气生根，磅礴地下垂着，有如数不清的胡须。

→菩提树的叶子

滴水的叶尖是菩提最显著的特征，这是为适应热带雨林环境而生成的：菩提树的根大得惊人，致使其所吸收的大量水分渗出叶面，沿叶尖滴下。

此波罗蜜非彼波罗蜜

在梵文中，有一个古老的词汇 Paramita 被音译作“波罗蜜”，它是一个佛教用语，是“波罗蜜多”的略称，其意为“到彼岸”，也译作“度”，指由生死的此岸度人到达涅槃（寂灭）的彼岸。

↑波罗蜜的果实剖面

我们这里讲的，则是桑科波罗蜜属常绿乔木——波罗蜜，波罗蜜又名“木波罗”、“树波罗”，其原产于印度、马来西亚，在我国广东、广西和云南等地也有栽培。

波罗蜜树高 15～20 米，有乳汁；叶革质而厚，呈倒卵形或椭圆形，全缘，叶柄长 1～2.5 厘米；花单性，雌雄同株，花小而多，雄花序生在枝上，雌花序则着生在主干或主枝上（这种植物叫“茎花植物”，只有在多雨的热带地区才有生长）；果实为复果，也叫“聚花果”或“多花果”，是由很多花结成的果聚集在一起而成的，成熟时长 30～60 厘米，重可达 10~20 千克，呈椭圆形或圆柱形，外皮黄褐色，有六角形瘤状凸起，直接着生在主干或多年生大枝上；果肉层叠，色泽为淡黄色，味道如蜜且有异香，素有“水果皇后”之称；每颗果内含种子 100～500 粒，种子为椭圆形，长约 3 厘米。

波罗蜜通常在春季开花，果实成熟于夏秋季节，成熟时香味四溢，分外诱人。波罗蜜的浓香可谓一绝，吃完后不仅口齿留芳，手上香味更是洗之不尽，余香久久不退。连馋嘴的小孩子都知道，偷吃了波罗蜜，是瞒不过大人的。为此，波罗蜜又有一个好听的名字——“齿留香”。

香气四溢的唇形科植物

- 薄荷——清凉的精灵
- 守候着爱情的熏衣草
- 迷迭香——记忆的香草

薄荷——清凉的精灵

薄荷是我们日常生活中经常能够遇到的一种植物，它们通常是用作食品添加剂以及香水、化妆品的辅助成分，在人类生活中发挥着巨大作用。

←薄荷给人的感觉，总是那么清凉舒爽。

薄荷的使用历史已经超过了2000年，据记载，古罗马人在出席宴席时经常会头戴一个由薄荷叶编成的头冠，这样的头冠在罗马人看来具有解毒和杀菌的功效。此外，罗马人还会将薄荷的提取物掺入酒中饮用。

不过，罗马人并非是最早使用薄荷的民族，在此之前的1000年，希伯来人就已经开始利用薄荷制作香水。希伯来人深信薄荷有催情的作用，以薄荷制成的香料一定会引起异性的注意。在希腊传说中就有一个与薄荷有关的神话故事：传说冥王哈迪斯（Hades）爱上了美丽的精灵曼莎（Menthe），哈迪斯的太太佩瑟芬妮知道后，十分懊恼，为了使冥王忘记曼莎，她将曼莎变成了一株不起眼的小草，长在路边任人踩踏。可是内心坚强善良的曼莎变成小草后，身上却拥有了一股清凉迷人的芬芳，越是被摧折踩踏就越浓烈，得到了越来越多的人的喜爱，人们把这种

↓散发着迷人清凉香气的薄荷

草叫薄荷（Mentha）。人们闻到薄荷清新无比的香气，便会想到那段刻骨铭心的爱情。直至今日，在希腊人的婚礼上，年轻的新娘还会用薄荷和马鞭草来编织头饰，以期有个终身难忘的美好回忆。

薄荷属唇形科多年生草本植物，株高10～80厘米，全株有异香。薄荷的茎有直立茎和匍匐茎两种，茎的截面为方形，具有分枝，茎上生有倒生柔毛；叶对生，叶形多为披针形、卵形或长圆形，叶的先端锐尖或渐尖，边缘有细锯齿，叶的两面都稀疏长有短小的柔毛，这些分布于茎、叶的柔毛下都有腺体，而薄荷本身特殊的香味就是这些腺体分泌出的高挥发性化学物质散发出来的；薄荷一般在8～10月开花，唇形花轮生于叶腋，花萼外部覆盖着软毛和腺鳞，花冠青紫色、淡红色或白色，花冠通常开裂为4瓣，其中居于上方的两片较大。

在我们食用薄荷制品，尤其是一些烈性品类时，常会感到有股猛烈的凉意，这是由于其中的薄荷油能刺激神经末梢的冷感受器所致。根据这种特性，内服薄荷油制成的药品可以刺激中枢神经系统，使皮肤毛细血管扩张，促进汗腺分泌，从而起到发汗解热作用；薄荷油还可以抑制胃肠平滑肌收缩，是治疗肠胃痉挛的理想药物；促进呼吸道腺体分泌，对呼吸道炎症有治疗作用。但是，由于薄荷油对哺乳动物神经系统具有极强的麻痹作用，若过量服用会导致呼吸麻痹而死亡，因此，一定要注意使用剂量。此外，薄荷煎剂对疱疹病毒、森林病毒、流行性腮腺炎病毒有抑制作用，同时还对导致人体多种炎症发生的葡萄球菌、链球菌、肠炎球菌、杆菌等烈性致病菌都有一定的抑制作用。

守候着爱情的熏衣草

熏衣草在罗马时代就已是种植普遍的香草，关于熏衣草，有这样一个凄美的传说：

古时的普罗旺斯有个美丽的女孩，一天，她独自在寒冷的山谷中采着含苞待放的花朵。在回家途中，遇见一位来自远方受伤的旅人向她问路。少女捧着满怀的花束，就在四目相视的一瞬间，少女的心被青年热情奔放的笑容占据了。她不顾家人的反对，坚持让青年留在家中疗伤。日子一天天过去，青年的伤已好，两人的感情也日渐深厚。

↓蓝天下，紫蓝色的熏衣草的海洋，似乎还在诉说那一段未了的情缘。

在一个微凉的清晨，青年准备告别离去，热恋中的少女坚持要和他一起浪迹天涯。村中的老人在少女临走前，握着一把初开的熏衣草花束，让痴情的少女用这初开的熏衣草花束试探青年的真心。因为据传说，熏衣草花束的香气会让不洁之物现形。正当青年牵着少女的手准备远行时，少女将藏在大衣内的一把熏衣草花束丢掷在青年的身上。没想到，青年的身上发出一阵紫色的轻烟之后，就倏然消逝了。山谷中只剩下了冷风吹过的飕飕声。没过多久，少女也不见了踪影，有人说她是被青年幻化成了山谷中一株熏衣草，而在遥远的将来，青年会回来取走这只花，并将它还为人形与她成婚。自此之后，熏衣草的花语就成为了等待爱情。

熏衣草又名灵香草、香草、黄香草，为唇形科，多年生草本或半灌木，有强烈芳香。原产于地中海沿岸、欧洲各地及大洋洲列岛，如法国普罗旺斯，后被广泛栽种于英国及南斯拉夫。我国新疆的天山北麓与法国普罗旺斯地处同一纬度带，且气候条件和土壤条件十分相似，是我国的熏衣草之乡。新疆的熏衣草现在已被列入世界八大知名品种之一。

熏衣草属唇形科多年生草本或半灌木植物，全株具有强烈的香气。茎有星状绒毛，多分枝；叶对生，披针状线形，全缘且反卷；夏季开花，花呈浪漫的紫蓝色，每 6 ~ 10 朵轮生，在茎的顶端密集成轮状聚伞花序，花长约 1.2 厘米，花冠下部筒状，上部唇形，上唇 2 裂，下唇 3 裂，每当花开风吹起时，一片片的熏衣草田宛如深紫色的波浪层层叠叠地上下起伏，迷人眼目；果实为坚果，果小，呈椭圆形。

↑熏衣草的花

↓熏衣草的植物学示意图

←辣妹维多利亚也对熏衣草情有独钟。

由于熏衣草花、叶和茎上的绒毛内均藏有油腺，轻轻碰触油腺即破裂而释放出香味，因此熏衣草全株均具迷人的芳香，而且植株晾干后仍能保持香气不减。在生产熏衣草的地区，人们常会放几株干的熏衣草在衣柜、书柜里，熏衣草不仅香味可经年不散，还有驱虫防蛀之功，这也是“熏衣草”名字的由来。

当然，熏衣草最常见的用途，还是作为香精等被用于各种香水、护肤品等的化妆品制造中，这也为其赢得了另一个好听的别名——“宁静的香水植物”，全株花朵还可做香包，其香气能醒脑明目、驱除蚊蝇。此外，熏衣草还有“芳香药草”之美誉，其茎和叶都可入药，是治疗伤风感冒、腹痛、湿疹的良药。而且，熏衣草的提取物适合于任何皮肤，有促进细胞再生、加速伤口愈合之功用，对烧、烫、灼、晒伤有奇效，可以抑制细菌、减少疤痕。熏衣草的功效如此之多，以致人们亲切地赞其为“香草之后”。

迷迭香——记忆的香草

戏剧大师莎士比亚的名剧《哈姆雷特》中有一句台词："迷迭香是为了帮助回忆，亲爱的，请您牢记。"美丽善良的奥菲莉亚这动人的话语曾经感动了无数人的心，也让人牢牢记住了这代表着回忆与怀念的优雅花朵。在花语中，迷迭香代表的就是回忆与思念。

大约从16世纪开始，欧美人便常在逝者的墓旁种下一株株迷迭香，或是将小枝的迷迭香抛入逝者的墓穴中，以表达亲人们对逝者无限的思念与回忆。

奥菲莉亚的台词也直接地表达出了迷迭香的一项极为重要的功用——改善记忆。其实，花语并非都是毫无依据。

迷迭香是目前世界上公认的具有较高抗氧化作用的一种植物，其中的抗氧化成分主要为迷迭香酚、表迷迭香酚、异迷迭香酚、迷迭香酸及黄酮、黄酮苷等，就是这些独特的物质，让迷迭香能够散发出令人头脑清醒的香味，能增强脑部的功能，可改善头痛，增强记忆力等。

←迷迭香

↓美丽善良的奥菲莉亚，她手中那紫色的花朵，便是她钟爱的迷迭香了。

迷迭香原产于欧洲及北非地中海沿岸，是唇形科常绿小灌木。其植株直立；叶灰绿色，对生，呈线形，革质；每年夏季开花，花唇形，紫红色，轮生于叶腋，就像一颗颗蓝莹莹的水滴。在拉丁文中，迷迭香被叫 *rosmarinus*，意为“海中之露”，实在是再贴切不过了。

迷迭香整株都具有浓烈的芳香，因此被人们广泛用作芳香油提取物，用于调制日化用品香精。

↑迷迭香美丽的唇形花

→迷迭香和蜜蜂

在欧洲，迷迭香也被圣徒们遍植在教堂的周围，每当夏天，那些生着蓝色小花的植物，在静谧的教堂周围静静地摇曳着，静静地散发着迷人的芳香，令人不由得心生安然。

据传说，迷迭香的花本来是白色的，在圣母玛利亚带着圣婴耶稣逃往埃及的途中，圣母曾将她的罩袍挂在迷迭香树上，迷迭香为圣母的慈惠所折服，为了表达对圣母的敬意，从此以后，迷迭香的花就变为蓝紫色了，并具有了某种神圣的力量。于是，圣徒们将它视为神圣的供品，广植于教堂的四周，并称其为“圣母玛利亚的玫瑰”，而迷迭香也便有了忠诚的含意，因此在欧洲的婚礼中，也常见新娘以迷迭香作为配饰，向世人昭告她的此情不渝。

十字花科的抗癌“战士”

- 荠菜——城中桃李愁风雨，春在溪头荠菜花
- 西兰花——“蔬菜皇冠”
- 紫甘蓝——从“丝绸之路”走来的生灵
- 萝卜——寻常百姓家的“小人参”

荠菜——城中桃李愁风雨，春在溪头荠菜花

早在宋·辛弃疾的《鹧鸪天》中就有“城中桃李愁风雨，春在溪头荠菜花。”这样抒情写实的诗句，荠菜的生命力确实超乎一般人的想象。我国人吃荠菜已有很长的历史。《诗经》里有“甘之如荠”之句，可见起码在春秋战国时期，古人就已经知道荠菜味道之美了。

荠菜（Capsella bursa-pastoris），又名护生草、地菜、地米菜、菱闸菜等，十字花科，荠菜属，一二年生草本植物。起源于欧洲，目前在世界各地都很常见。

荠菜是一种相当小的植物，能够长到6~20厘米高。荠菜根白色。茎直立，单一或基部分枝。基生叶丛生，挨地，莲座状、叶羽状分裂，不整齐，顶片特大，叶片有毛，叶耙有翼。茎生叶狭披针形或披针形，基部箭形，抱茎，边缘有缺刻或锯齿。春天开花，开花时茎高20~50厘米，总状花序顶生和腋生。花小，白色，两性。萼片4个，长圆形，十字花冠。蒴果是倒三角形，扁平，内含多数种子。

荠菜性喜温和，只要有足够的阳光，土壤不太干燥，荠菜都可以生长，分布在全世界的温带地区，性喜温暖但耐寒力强。野生于田野，也可人工栽培。

↑荠菜的花朵

种子受潮后分泌出黏稠的分泌物，可以粘住虫子（但不会吸收虫子的养分）。因此在水中可以消灭蚊子的孑孓，是一种有益的野草。荠菜的种子、叶和根都可以食用。荠菜可炒食、凉拌、作菜馅、菜羹，食用方法多样，风味特殊，营养价值高。荠菜还可入药，具有很高的药用价值，具有和脾、利水、止血、明目的功效，常用于治疗痢疾、水肿、肠炎、感冒发热等症，并具有防癌之功效。不过怀有身孕或哺乳中的妇女忌食，有心肺疾病的患者在服用时亦应小心。人工栽培以板叶荠菜和散叶荠菜为主，春、夏、秋三季均可。

西兰花——“蔬菜皇冠”

西兰花（Brassica oleracea var.italica）又称“绿花菜”、“茎椰菜”，俗称“西兰花”。十字花科。甘蓝的一个变种。原产于地中海东部沿岸地区，我国有少量栽培，主要供西餐使用。

西兰花植株高大，根据不同品种叶片生长20片左右抽出花茎，顶端群生花蕾。紧密群集成花球状，形状为半球形，花蕾青绿色，故称西兰花。叶色蓝绿互生，逐渐转为深蓝绿，蜡脂层增厚。叶柄狭长。叶形有阔叶和长叶两种。根茎粗大表皮薄，中间髓腔含水量大、鲜嫩，根系发达。嫩花茎和花球作蔬菜。

↑西兰花的叶子和半球形的花球

↓西兰花的植株

西兰花形态特征、生长习性和普通的白花菜（甘蓝）基本相似，属十字花科芸薹属甘蓝种，西兰花为一二年生草本植物。长势强健，耐热性和抗寒性都较强。

西兰花营养丰富，被誉为“蔬菜皇冠”。西兰花中的营养成分，不仅含量高，而且十分全面，营养成份位居同类蔬菜之首，主要包括蛋白质、糖、碳水化合物、脂肪、矿物质、维生素C和胡萝卜素等。此外，西兰花中矿物质成分比其他蔬菜更全面，钙、磷、铁、钾、锌、锰等含量都很丰富，比同属于十字花科的白菜花高出很多。

西兰花具有显著的防癌抗癌的功效，含维生素C较多，比大白菜、番茄、芹菜都高，尤其是在防治胃癌、乳腺癌方面效果尤佳。

→西兰花的花

紫甘蓝——从“丝绸之路”走来的生灵

甘蓝起源于欧洲地中海沿岸至北海沿岸，已有数千年的栽培历史。而我国最早关于甘蓝的记述是《植物名图考》(1827年)，当时有称“回子白菜”者。估计其传入途径为“丝绸之路”，以后再从西北至华北，时间约在19世纪之前。至于紫甘蓝传入我国的时间较短，估计不到100年。

紫甘蓝又称红甘蓝、赤甘蓝，俗称紫包菜、紫圆白菜，十字花科、芸薹属甘蓝种中的一个变种，是结球甘蓝中的一个类型，由于它的外叶和叶球都呈紫红色，故名。

↑紫红色有光泽的紫甘蓝叶球

↓紫甘蓝的植株

紫甘蓝为二年生植物。根系主要分布在30厘米的土表中，植株开展度50厘米左右，外叶20片左右，叶近圆形，长约33厘米，宽约30厘米，紫甘蓝叶片紫红色，叶球近圆形。叶脉附近略带绿色，中肋深红色，叶面多白蜡粉，叶球扁圆形，高12厘米左右，横径20厘米左右，紫红色有光泽，叶球重1.5～2千克。

紫甘蓝喜凉爽气候。气温20～25℃时适于外叶生长。叶面积大，生长期间需要较多的水分。

紫甘蓝营养丰富，尤其含有丰富的维生素C和较多的维生素E和B族。紫甘蓝不仅营养丰富，而且结球紧实，色泽艳丽，抗寒，耐热，产量高，耐贮运，是很受欢迎的一种蔬菜。

紫甘蓝菜是一种强身健体的蔬菜。这种蔬菜还能够给人体提供一定数量的具有重要作用的抗氧化剂，这些抗氧化成分能够保护身体免受自由基的损伤，并能有助于细胞的更新，经常食用能够增强人的活力，是有名的抗癌类蔬菜。

经常吃甘蓝蔬菜还能够防治过敏症，因此皮肤过敏的人最好把甘蓝视为一道保留菜。此外，紫甘蓝还能够防治疼痛。关节炎患者最好经常吃这类蔬菜，并且为了防止感冒引起的咽喉部炎症，在冬春季节感冒的高发季节，也应当经常吃甘蓝菜。

萝卜——寻常百姓家的“小人参”

萝卜，在我国民间素有“小人参”之美称，也有“萝卜上市、医生没事”，“萝卜进城，医生关门”，“冬吃萝卜夏吃姜，不要医生开药方”，“萝卜一味，气煞太医”之说，还有一个俗语表现了萝卜的益处：“吃着萝卜喝着茶，气得大夫满街爬”。当然，这些说法不免有些夸张，但是，萝卜确实自古就是很好的蔬菜。

↑白萝卜

↓穿红外衣的水萝卜

萝卜，又名莱菔，属十字花科、萝卜属。萝卜原产于我国，各地均有栽培，品种极多，常见的有红萝卜、青萝卜、白萝卜、水萝卜和心里美等。

萝卜为二年生草本。根肉质，一般为圆锥形、球形或圆柱形，白色、绿色或红色等，变化较多。茎直立，高达一米，常分枝。基生叶和茎下部叶大头羽裂，连叶柄长达30厘米，顶生裂片卵形，侧生裂片2~6对，向基部渐小，边缘具锯齿或缺刻，稀全缘，疏生单毛或无毛；茎上部叶矩圆形、披针形或侧披针形，边缘具锯齿或缺刻，稀近全缘。总状花序顶生；萼片4，两轮，直立，外萼片基部囊状；花瓣4，粉红色或白色，宽倒卵形，长约1厘米，开展，爪条形，长约1厘米；雄蕊离生，花丝无齿；侧蜜腺小，凹陷；中蜜腺半球形或短柱状。长角果肉质，圆柱形，不开裂，长1．5~3厘米，在种子间缩细，具海绵质横隔膜，先端有长尾状的喙。种子近球形，直径约3毫米，红褐色，表面有细网纹，子叶对折。花果期5~7月。在阳光充足的环境中，萝卜植株生长健壮，萝卜质量好。

↑长在地里的心里美萝卜

↓切开后的心里美萝卜

萝卜的根供食用，为我国主要蔬菜之一。萝卜有很高的营养价值，含有丰富的碳水化合物和多种维生素，近来有研究表明，萝卜所含的纤维木质素有较强的抗癌作用，生吃效果更好。生萝卜含淀粉酶，能助消化。种子、鲜根、叶均可入药，有下气消积的功效。其种子含油42%，可用于制肥皂或作润滑油。

提神醒脑三件套

- 茶——中华之粹
- 咖啡——美洲的洋玩意儿
- 烟草——癌症召唤师

茶——中华之粹

在中国古代文献中，很早便有关于茶的记载。西汉武帝时，出使印度支那半岛的使者便将茶随着黄金、锦帛一起带出了国门；南北朝时齐武帝永明年间，我国茶叶随出口的丝绸、瓷器传到了土耳其；唐顺宗永贞元年，日本最澄禅师回国，将中国的茶籽带回了日本。尔后，茶从我国不断传往世界各地，使它知音满天下。

↑茶文化

茶原产于我国，在印度等国也有出产。茶也称“茗”，是山茶科山茶属的多年生常绿灌木。人工栽培的茶树由于经常通过被修剪而抑制其纵向生长，所以树高多在 0.8~1.2 米；而在热带地区的野生茶树则多为乔木型，株高可达 15~30 米，树龄可达数百年至上千年。

↑茶的花和果实

茶树的叶片革质，呈长椭圆状披针形或倒卵状披针形，边缘有锯齿；秋末开花，花 1～3 朵，腋生，白色有花梗；果实为蒴果，呈扁球形，有三钝棱。茶的叶片就是我们通常所说的茶叶，茶叶内含有咖啡碱、茶碱、鞣酸、挥发油等成分，有兴奋大脑和心脏的作用，这也是它通常被用作提神醒脑之物的原因。

茶叶由于其生长环境和加工方法的不同，在口感上有很大差别，因而，作为饮品的茶叶，通常是按照加工时的工艺来加以分类的，大体上可分为绿茶、红茶、青茶、黄茶和黑茶五种。

这碧绿的，便是茶树叶了。

绿茶是我国产量最多的一类茶叶，其品种之多居世界首位。绿茶是一种不经发酵直接加工的茶叶，它是将采摘来的鲜叶先经高温杀青，杀灭了各种氧化酶，保持了茶叶的绿色，然后经揉捻、干燥而制成，清汤绿叶就是绿茶品质的共同特点，也是绿茶名字的由来，其中最为著名的当属杭州的西湖龙井茶了。

红茶是在绿茶的基础上，经萎凋、揉捻、发酵、干燥等典型工艺过程精制而成的。因其干茶色泽和冲泡的茶汤都以红色为主要色调，故名红茶。

青茶也称乌龙茶，属于半发酵茶类，即制作时适当发酵，使叶片稍有红变，是介于绿茶与红茶之间的一种茶类。它既有绿茶的鲜浓，又有红茶的甜醇。因其叶片中间为绿色，叶缘呈红色，故有“绿叶红镶边”之称。

黄茶是由于在制茶过程中，经过闷堆渥黄过程，因而形成黄叶、黄汤而得名的。

黑茶所采集的原料质地粗，且多为老叶，加工时堆积发酵时间较长，使叶色呈暗褐色。是藏、蒙古、维吾尔族不可缺少的日常必需品。

在日常生活中，我们还经常会见到各种再加工茶。再加工茶是用以上提到的几种茶的粗制或精制产品再次加工而成的，包括花茶、紧压茶、液体茶、速溶茶及药用茶等，最常见的当属花茶了。这里所讲的花茶可不是由干制的花瓣等直接制成的饮品，而是用花香增加茶香的一种产品。花茶一般是用绿茶做茶坯，少数也有用红茶或乌龙茶做茶坯的。它根据茶叶容易吸收异味的特点，以花瓣提取的精油混合加工而成，常用的品种有茉莉花、桂花等。

从世界范围来看，在以上几类茶中，以红茶的数量为最大，其次是绿茶。在中国、日本等国家，饮茶品茗早已成为一种文化，茶道、茶艺便是作为一种精神享受传承至今。

由于茶叶中含有较多的咖啡因、活性生物碱以及多种芳香物质，因此服用茶叶泡出来的水会使人的中枢神经系统兴奋，这也是茶叶提神的原因。但是有神经衰弱、心脑血管病的患者应适量饮用，而且不宜在睡前或空腹时饮用。另外平时情绪容易激动或比较敏感、睡眠状况欠佳和身体较弱的人，以及儿童、孕妇等也不宜饮用，尤其是晚上还是以少饮或不饮茶为宜，以免影响睡眠。

咖啡——美洲的洋玩意儿

公元6世纪时，有一位依索比亚的牧羊人，他在某一天突然发现自己所饲养的羊群疯狂地到处蹦跳不停，在惊异之余，牧羊人仔细地观察羊群，发现原来羊只是在吃到了一种红色的果实之后，才会有如此兴奋的反应，后来他将这些红色的果实拿到镇上，分给修道院里的僧侣们吃，僧侣们吃过后都感到神清气爽，精神振奋，因此所有的人便都把这种果实拿来作为提神用的药，这个红色的果实便是咖啡的原料——咖啡豆。

→羊儿们就是误食了这种红色的咖啡果实而变得异常兴奋。

咖啡是茜草科咖啡属的常绿灌木或小乔木植物，这种植物有主枝以及繁杂的侧枝系统，而主干则明显较粗壮。咖啡的茎直立；叶对生，叶色为绿色、质地类似皮革、叶的表面有光泽，叶呈长卵形而尖；一年开2～3次花，花单生或为腋生的花束，白色，萼4～5齿裂，花冠4～8裂。咖啡的果实为椭圆形浆果，内有种子两粒，成熟时呈红色、紫红色。

↑咖啡的花

“咖啡”一词源自希腊语，意思是“力量与热情”。日常饮用的咖啡是用咖啡豆配合各种不同的烹煮器具制作出来的，而咖啡豆就是指咖啡树果实内的果仁，这种果仁再用适当的烘焙方法烘焙碾碎就成为了最初的咖啡。

→咖啡的种子，也就是我们平常所说的咖啡豆。

古时候的阿拉伯人最早把咖啡豆晒干熬煮后，把汁液当作胃药来喝，他们认为这样可以帮助消化。后来因为发现咖啡还有提神醒脑的作用，同时由于回教严禁教徒饮酒，因而就用咖啡取代酒精饮料，作为提神的饮料而时常饮用。15 世纪以后，到圣地麦加朝圣的回教徒陆续将咖啡带回居住地，使咖啡渐渐流传到埃及、叙利亚、伊朗和土耳其等国。

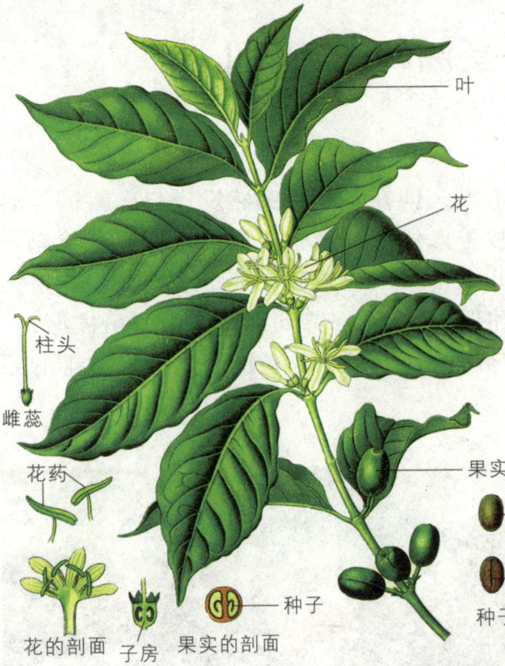

←咖啡的植物结构示意图

↓随着咖啡文化的日渐成熟，烹煮咖啡的器具、方式也变得越来越讲究。

咖啡进入欧洲大陆，当归功于土耳其的鄂图曼帝国，由于嗜饮咖啡的鄂图曼大军西征欧陆且在当地驻扎数年之久，在大军最后撤离时，留下了包括咖啡豆在内的大批补给品，维也纳和巴黎的人们得以凭借这些咖啡豆和从土耳其人那里得到的烹制经验，发展出欧洲灿烂的咖啡文化。战争历来是攻占和毁灭，却意外地带来了文化的交流乃至融合，这可是征服者们始料未及的。

随着咖啡越来越受到大众的喜爱，栽培咖啡的人也愈来愈多。18 世纪初，法国海军上将德·克鲁在船上用自己的饮用水，灌溉桶中的咖啡幼苗，而后将之种植于法国领地马尔其尼克岛。不久之后，咖啡流传到中南美洲，咖啡的栽植也扩展到世界各地。

风行于欧洲的咖啡原产于非洲北部和中部的热带地区，其栽培历史已有2000多年。但目前，世界咖啡主产区已经转移到了拉丁美洲、非洲和亚洲。目前，我国咖啡的主要栽培区分布在云南、广西、广东和海南。

咖啡中的咖啡因，难溶于冷水，却易溶于热水。咖啡因能刺激大脑皮质、消除睡意、增加感觉与思考力以及可作调节心脏机能的强心剂，也有扩张肾脏血管、利尿等作用。通常在一杯咖啡中，咖啡因的含量只有60~65毫克。可是一旦摄取过多的咖啡因，则容易发生耳鸣、心跳加快等不良反应。然而，嗜咖啡者在达到了提神醒脑目的的同时，还往往会过量摄入咖啡因，而长期处于亚健康状态中。所以饮用咖啡一定要适量。

↑如今，咖啡在欧美等国家早已成为餐桌上不可或缺的饮品。

↓经过研磨的咖啡粉末

龙文小百科 男人、咖啡屋、请愿的女人们

16世纪初，咖啡在欧洲传播开来。在法国，由于当时的法国国王克雷门八世对咖啡倍加赞赏，而使得咖啡在法国得以迅速流行。咖啡在绅士的社交场所颇受欢迎，无数的咖啡屋应运而生，可那时，咖啡屋是只有男人才能进入的地方，男人们在那里高谈阔论，商讨政治、文学、商业……到了忘情之时甚至忘记了回家。因此在1674年居然有许多主妇呈上请愿书，要求法国国王将咖啡屋关闭。咖啡文化深深地影响着巴黎市民，街头各种形式的咖啡沙龙，成了文学家、艺术家、哲学家们常常聚集的地方，巴尔扎克、卢梭等即跻身其中，诸多新的艺术形式、文学流派、哲学思想得以在那里诞生。

烟草——癌症召唤师

↑“禁止吸烟”

香烟恐怕是世界上最为畅销的商品之一了，虽然在世界范围内，烟草广告都是被禁止的，但其年销量仍是大得惊人。

目前人们普遍认为，烟草最早源于美洲。考古学家发现，人类尚处于原始社会时，烟草就进入到美洲居民的生活中了。那时，人们在采集食物时，可能无意识地摘下一片植物叶子放在嘴里咀嚼，因其具有很强的刺激性，能起到恢复体力和提神的作用，便逐渐成为了当地人的一种嗜好。这种最初被原始人拿来“当零嘴”的植物正是烟草。

1492 年 10 月，哥伦布率领探险队到达美洲时，便看到了当地人的吸烟情形，可惜记述并不详细。

1536 年 5 月，有个叫嘉蒂的探险家到达美洲后，见证了印第安人使用烟草的情形，并做了详细的记述：“他们把烟草放在太阳底下晒干，而后在他们脖子上挂上一个小牛皮做的小袋子、一只中空的石头或者是一根很像管子的木头；待他们高兴时，便把烟草揉成碎末安放在管子的一端，点上火，在另一端便用嘴深深地呼吸，使得体内完全充满了烟，直到从他们的嘴和鼻孔里冒出为止，就像烟囱里喷出来的烟一样。他们说这样做可以使他们保持温暖和健康。我们也曾经尝试过这种烟，把它放进我们嘴里，那种热辣的味儿，如同胡椒一样。”这记述实在有趣，如今已被证实绝对有害健康的行为，仅仅在 400 多年前，竟然显得那么神秘且趣味盎然。

1560 年，法国驻葡萄牙大使让·尼科把烟草作为治疗许多疾病的药物寄回国。几百年后，化学家们揭示出烟草中的所谓能治病的物质竟然是有害物质，并取名为尼古丁。

喷云吐雾之间，不仅严重伤害着自己的健康，
“二手烟”也给周围人们的身体健康带来了巨大的危害。

烟草原产于热带美洲，是茄科烟草属的一年生草本植物，有60余种，中国引入栽培的主要是普通烟草（也称红花烟草）和黄花烟草。烟草植株表面常有黏性的腺毛，腺体产生的烟草特有的异味可通过腺毛释放出来；叶多变异，有圆形、卵形、心脏形、披针形等，随品种而异；圆锥花序顶生，花冠呈圆筒形或漏斗形，淡红或淡黄色；蒴果卵形，种子褐色。

烟草属植物品种虽多，但真正用于制造卷烟和烟丝的，通常只有红花烟草和少部分黄花烟草。

众所周知，烟草中含有尼古丁，尼古丁也称“烟碱”，是一种具有毒性的生物碱，对人畜都具有较强烈的毒性，对昆虫来说，则绝对是致命的，因而烟叶也可作为驱虫剂来使用。尼古丁可以刺激人类神经兴奋，但长期使用耐受量会增加，从而产生依赖性。现代研究证实，过量吸食尼古丁会造成心脏血管阻塞、高血压、中风等心脏血管性疾病，并且可能是导致肺癌的重要原因。目前，世界上几乎所有国家都有这样的法律规定：烟盒上必须印有“吸烟有害健康”的字样。并且世界上许多国家已经开始禁止在公共场所吸烟，以保护公众的健康。

↑现代研究证实，烟草中含有一些致癌物质，危害公众的健康，因此许多国家开始禁止在公共场所吸烟。

毒品家族——地狱的使者

- 罂粟——死亡使者
- 大麻——本为织物，奈何错用
- 古柯——制成可卡因的原料

罂粟——死亡使者

中国是一个有着两千多年封建历史的国家，史学家们将中国封建时代如此之漫长归因于统治阶级历来的封闭与保守。而这延续了20个世纪的“闭关锁国”政策竟是被外国人用鸦片和大炮打破的。

鸦片，便是由罂粟的果实制成的初级产品。

罂粟主要生长在北半球几乎整个温带和亚热带地区。而这个地方几乎是全人类文明的发祥地。在瑞士发掘的公元前4000年新石器时代屋村遗址中，考古学家便发现了罂粟的种子和果实的遗迹。到公元前3400年，在闻名遐迩的两河流域，人们已经大面积地种植这种植物了，并赋予了它“快乐植物”的美名。在公元前2160年，鸦片已经成为兽医和妇科药品。已经发掘的公元前1500年古埃及墓葬中，“底比斯鸦片”已经属于高级品牌。到公元前300年，古希腊已经把鸦片作为普遍的饮料。在《圣经》与荷马的《奥德赛》中，鸦片被描述成为“忘忧药”，连上帝都会使用这种植物。到了公元前2世纪，古希腊名医加仑就有了关于鸦片可以治疗疾病种类的名录。

鸦片几乎伴随着人类的整个发展历史。17世纪的英国医生、临床医学奠基人托马斯·悉登汉姆甚至说过：“我简直忍不住要大声歌颂伟大的上帝，这个万物的制造者，它给人类的苦恼带来了舒适的鸦片，无论是从它能控制的疾病数量，还是从它能消除疾病的效率来看，没有一种药物有鸦片那样的价值。没有鸦片，医学将不过是个跛子。”这位医学大师因此也获得“鸦片哲人”的雅号。

这种有着天使般面孔的植物，却是召唤死亡的使者。

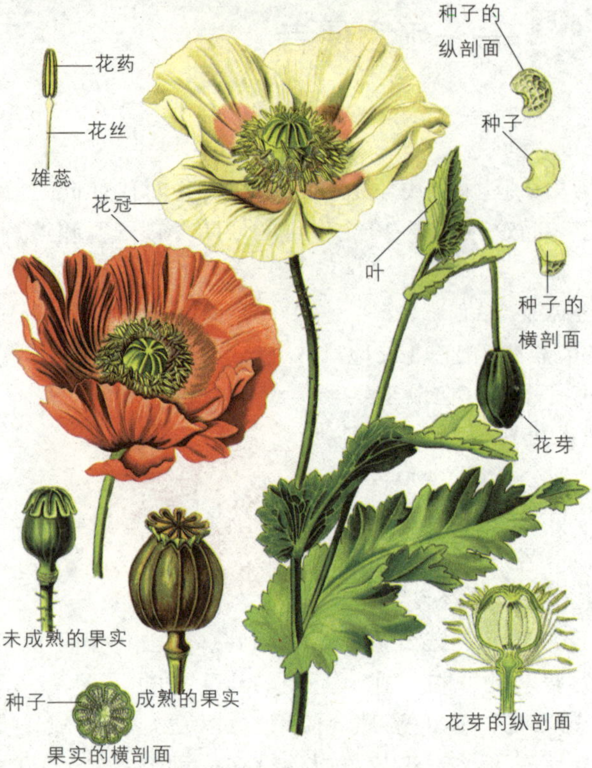

↑罂粟的植物学形态示意图

这种让世人又喜又忧的罂粟到底是什么样的植物呢?

罂粟为罂粟科罂粟属，一般为一年生或二年生草本植物，植株高度 60~100 厘米。罂粟的茎直立，全株光滑无毛，表面被有白粉；叶互生，叶色灰绿，边缘具不规则锯齿；罂粟顶生单花，花大而艳丽，花芽常下垂，花开时直立，花瓣 4 枚（偶有重瓣品种），颜色多白色、粉红色或紫色。罂粟的果实为蒴果，呈长椭圆形或壶状，直径 3~6 厘米，成熟后果皮为黄褐色或淡褐色，果皮表面平滑，具纵纹；种子多且小，外形为肾形。罂粟的花期为 4~5 月，果期为 6~8 月。

罂粟是重要的毒品植物，其茎干及叶含少量吗啡等生物碱，成熟枯干后可切碎作为烟草吸食；将未成熟的蒴果割裂取乳汁，干燥凝固后，即是鸦片，可供吸食；蒴果成熟后乳汁会自行凝固于果壳成为鸦片之原体。

鸦片原本是一种普通的药用植物，有镇痛、镇咳、止泻等功效，但经常使用能成瘾，以至于后来人们把它开发成一种普通商品，专门以毒品的形式供人吸食，吸食者易上瘾，由此导致了一系列个人生理问题和社会问题。

←未成熟的罂粟果实

→已成熟开裂并正在流出白色乳汁的罂粟果实

中医学上也以罂粟壳入药，处方又名“御米壳”或“罂壳”，多用于肺虚久咳不止、胸腹筋骨各种疼痛、久痢常泻不止；也用于肾虚引起的遗精、滑精等症。罂粟在现代医学中通常是作为吗啡镇痛剂的原料出现。

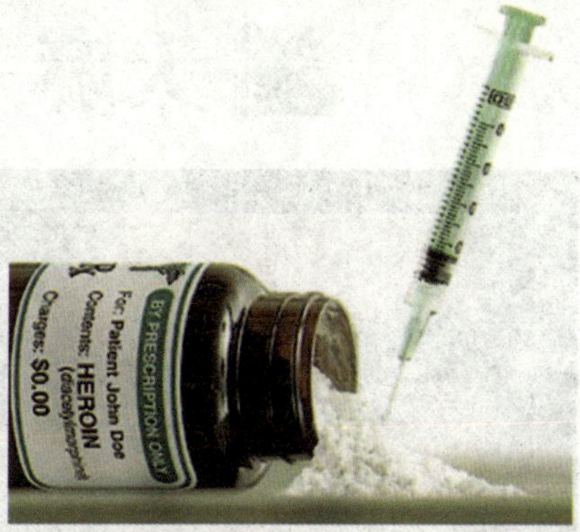

↑瓶中倾出的便是白色幽灵——海洛因

1874 年，伦敦圣玛丽医院一位英国化学家向吗啡中加入醋酸而得到两种白色结晶粉末。当时在狗身上试验后，狗立即出现了虚脱、恐惧和困乏等一些可怕的症状。事隔 10 余年，德国化学家宣布，此种化合物比吗啡的镇痛作用还要高 4~8 倍，对支气管炎、支气管哮喘、肺结核等病症引起的痛苦有很好的缓解作用。在此之后，人们发现它不仅止痛效果好，且迷幻极乐感更强，同时更兼有非凡的提神作用。到 1898 年，德国贝尔药物化学公司开始大批量生产这种化学品，当时的制造目的是为了治疗吗啡成瘾者，并且作为强度麻醉剂去推销。与此同时，贝尔公司将这种药物正式定名为海洛因而用于临床。

↑罂粟壳

起初，人们的确是将海洛因当成戒除鸦片及吗啡毒瘾的药物，但海洛因本身比吗啡的水溶性更大，吸收亦更快，且其脂溶性也较大，易通过血脑屏障进入中枢发挥作用，同时它本身的成瘾性更强烈。海洛因在诞生之后对个人和社会所导致的危害后果，已远远超过了其医用价值。1912 年在荷兰海牙召开的鸦片问题国际会议上，到会代表一致赞成管制鸦片、吗啡和海洛因的贩运，之后，美国国会也明文禁止海洛因等毒品的生产与销售。然而，海洛因并没有就此而消失，这种鸦片家族中的最纯精品因其效价高、用量少和走私方便，成为非法使用最为猖獗的毒品，这种白色粉末吸引着越来越多的瘾君子。现如今，海洛因的踪迹已遍布全世界。

↑罂粟天使般美丽的花朵

罂粟是提取毒品海洛因的主要植物，它和大麻、古柯并称为世界三大毒品植物。现在我国对这三种作物的种植严加控制，除药用及科研外，一律禁止使用。

大麻——本为织物，奈何错用

↑吸大麻的人

大麻也称“线麻”、“白麻”，在我国古称“火麻”，桑科，一年生草本。

大麻的株高 2～4 米，挺直。茎多为绿色、淡红或紫色，茎下部圆形，上部多为四棱形，茎上生有纵凹沟纹，表面覆有腺毛；叶多为掌状复叶，由 5～11 片小叶组成。大麻基部第 1 片真叶和梢部叶片为单叶，位于中、下部的叶对生，上部叶互生；花为单性，且雌雄异株，雄花为圆锥状花序，白色；雌花为球状或短穗状花序，外部包有绿色总苞，开花时露出柱头；大麻的果实为瘦果，卵形，外部有棱，果皮灰褐色，每颗果实中含有 1 粒种子，种子表面有纹。

↑大麻的植株

大麻对气候和土壤的要求并不苛刻，而且它们生长迅速，抗虫害能力强。

从公元前 1 世纪到公元 20 世纪后半叶，大麻一直是人们广泛种植的农作物，这种植物的韧皮纤维也是最早用作纺织纤维的品种之一。

从大麻中获取的纤维是一种具有天然色泽的高品质的天然纤维素纤维。以前，大麻一直被当作一种只能用来制造绳索等的粗劣纤维，但随着科技的进步，改善大麻纤维的细度的工艺得到了极大的发展，如今，麻纤维已经被广泛作为纤维产品、服装、绳索、船帆、油脂、纸张及医疗用品等的优质原材料。

←大麻的雌花

→大麻的雄花

然而，大麻似乎并不是作为一种纤维原料而著名，它风靡全球乃是由于大麻的一个变种（又名印度大麻），其雌株花枝的顶端、叶、种子及茎中含大麻脂，经切碎、干燥制成卷烟吸用或咀嚼、鼻吸、吞服，可影响中枢神经系统，引起轻微的快感，继之倦睡。服用者由于视觉和判断力的改变，可导致时间和空间定向障碍。大量服用会造成急性中毒，急性中毒可引起幻视、焦虑、抑郁、情绪突变、妄想狂样的反应等精神症状。经常服用可成瘾。国际卫生组织已经肯定了其药品的危险性，并将其置于法律控制之下。

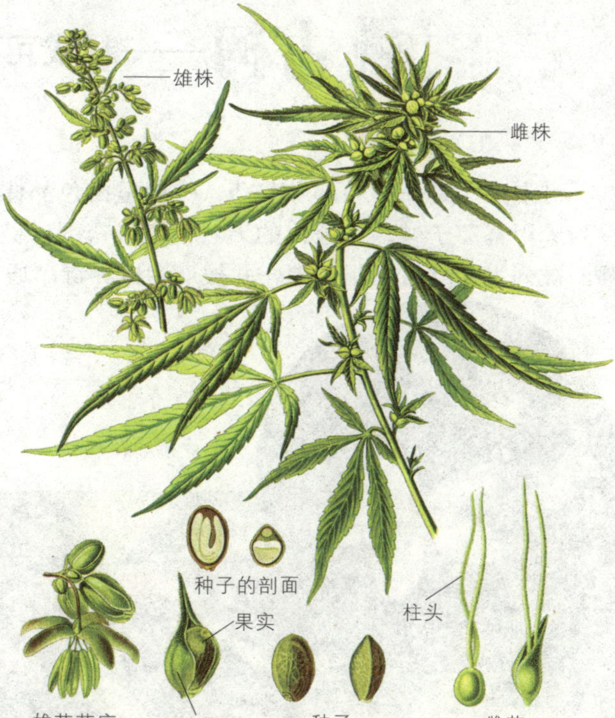

↑大麻的植物学形态示意图

↑这便是麻纤维了。

↑印度大麻的种子

龙文小百科 区分大麻的雌与雄

大麻的雌、雄性植株在形态上有明显差异：幼苗期，雄株叶色浅绿，顶梢略尖，雌株叶片肥大，叶色深绿，顶部大而平；成株后，雄株节间较长，节数少，茎秆细，分枝少，雌株节间较短，节数多，茎秆粗，分枝多。雌、雄株比例一般为1∶1。需要注意的是，大麻雌、雄性易受环境影响而发生性别逆转，出现雄株见雌花或雌株见雄花的现象。俄罗斯还育成雌雄同株大麻，便于同时收获。

古柯——制成可卡因的原料

可卡因，是一种局部麻醉药，一般呈白色晶体状，无臭，味苦而麻。其化学名称为苯甲基芽子碱，是最强的天然中枢兴奋剂，被吸收后毒性相当强，由于成瘾性强而被列为麻醉品管制范围，并被列为世界毒品通缉榜上的头名。

←古柯的花

↓已经成熟的古柯果实

提制可卡因的主要原料便是古柯。古柯也称作高根、古加，其原产秘鲁，在南美洲及斯里兰卡、印度尼西亚均广为栽培。

古柯属古柯科，灌木。古柯的株高通常 2 米左右；叶长椭圆形，革质，边缘光滑；花小，腋生，呈黄白色，花瓣 5 枚，花序生于一短柄上；果实为核果，红色，内有种子 1 枚。

古柯是一种高热能植物，每 100 克古柯叶中就含有热量 127.5 焦，因此在盛产古柯的美洲安第斯山区，人们甚至称古柯为“圣草”或“绿色的金子”，男人们喜欢嚼食古柯叶，他们觉得古柯叶能够让他们更加强壮，帮助他们驱除饥饿、减轻痛苦。

古柯的叶中含有古柯碱，嚼起来味道偏苦，常用来提制麻醉药，可卡因便是其中纯度最高、最为著名的一种。古柯碱会对人的中枢神经系统产生兴奋作用，这也是导致可卡因滥用的重要原因。

←可卡因就是从这种古柯叶中提取出来的。

使用古柯碱时，生理症状包括呼吸加速、血压及体温升高、心跳频率增加、瞳孔放大、口部干燥、磨牙等。用药者自觉兴奋、愉悦、自信、精力充沛、充满智慧，而且无所不能。古柯碱会减低睡眠和饮食的欲望，但对烟、酒的需求增加。剂量高时愉悦感也会增加，但也可能适得其反，用药者可能觉得紧张、生病、无法放松、焦躁、易怒。

其实诸如罂粟、大麻、古柯原本都是被用来当作止痛或麻醉药使用的，它们都是用来抑制疼痛的药剂，只是在大剂量服用之后便会产生对这些化学品的依赖。

古柯碱在19世纪末的欧洲及美国扮演着药品及提神剂的双重角色，但是，当古柯碱越来越广为流行时，它所带来的问题也越来越被大众注意了。犯罪率与古柯碱之间一直存在着若隐若现的关系，以致许多人将犯罪率升高、社会失序归咎于它，并将其喻为自酒精、鸦片风潮之后的第三次灾难。

1916年起，古柯碱成为禁药，得到它的合法方式是经由医师处方，但这并未遏止古柯碱的风行。如今，古柯碱已在世界范围内被严格控制流通及使用。

↑其实古柯叶本身是南美人用来冲茶提神用的。

龙文小百科　染毒与戒毒

毒品作用于人体后，会使得人体的生理活动产生适应性改变，形成在药物作用下的新的平衡状态。一旦停药，由于新的平衡被打破，生理功能就会发生紊乱，出现一系列严重反应，称为戒断反应，使人感到非常痛苦。用药者为了避免戒断反应，就不得不持续用药，随着人体对其产生的耐受性不断增加，最终就会导致用药量的不断加大。另外，毒品进入人体后还会作用于人的神经系统，使吸毒者出现强烈的用药渴求，这便是所谓的“精神依赖”。

对于那些想要戒毒的人，即使经过脱毒治疗，在急性期戒毒反应基本得以控制后，要完全康复原有生理机能往往需要数月甚至数年的时间，但对毒品依赖性的消除则非常困难。这就是许多戒毒者复吸的原因，复吸也是世界医药学界亟待解决的课题。在此要告诫好奇心旺盛的人们，毒品就是一条温柔的毒蛇，一旦沾染，便会产生毁灭性的后果。

←马拉多纳，这位足球场上的功夫皇帝，却因毒品与放纵而黯然离开绿茵场。

奇异植物的那些事儿

植物界的食肉族

不知何时，人类世界开始流传这样的故事——在一些人迹罕至的地方，生长着一种神秘的植物，这种植物能够感知附近的生物，并且生出卷须将生物卷入体内消化掉。

不过，直到今天，仍然没有人能够举出确凿证据来证明食人树的存在，消化人类的植物的说法，大概源于几种能够捕食昆虫的植物，这些植物甚至能够消化昆虫放置在叶子上的小块肉类。不过，科学家们毕竟还没能证明食人植物不存在，或许有一天，当你行走在某个神秘所在时，就会有些奇异的食人植物出现在你面前——只是不知那时，你还有没有命活着走出林子了。

那么，让我们先回到现实的已知世界来吧，认识一些奇异的捕虫植物。

←盆栽的猪笼草，看起来煞是可爱。

龙文小百科

《美国周报》与食人树新闻

1920年9月26日的《美国周报》中，有一篇署名为卡尔·李奇博士的报告说，他于1878年在马达加斯加目睹了一棵巨大的开花植物将一名年轻女子消化掉。1925年，仍是这家报纸发表了第二个有关食人树的故事，作者布兰特声称他在菲律宾棉兰老岛岛上的禁地散步时，一棵食人树伸展开来，叶子发出嘶嘶声，并把他打倒在地，所幸的是，他离开了那些可能致命的叶子的伸展范围。布兰特的故事配着一幅描绘这棵树的图片，后来，他注解说，树周围的大量骨骼并非真的存在，而他原本曾接近那棵树，把它当成遮阳棚。

↑卡尔·李奇推定有那么一种植物能够将人一口吞下吃掉。

猪笼草是猪笼草科植物的总称，是著名的热带食虫植物。所有的猪笼草都拥有一副独特的吸取营养的器官——捕虫囊，捕虫囊呈圆筒形，下半部稍膨大，因为形状像猪笼，故称猪笼草。猪笼草因为不从土壤中直接摄取和制造维持生命所需的营养物质，而依靠捕捉昆虫等小动物来谋生，故被称为食虫植物。

→捕虫囊底正在被消化的昆虫

↑触觉敏感的茅膏菜

↑食肉的美丽杀手——捕蝇草

猪笼草的捕虫囊内有蜜腺，能分泌蜜汁引诱昆虫，昆虫进入捕虫囊后，囊盖并不像人们想象的那样合上。事实上捕虫囊的囊盖是经常打开的，囊盖的主要用途是引诱昆虫，由于捕虫囊的囊口内壁很光滑，所以能防止昆虫爬出。捕虫囊下半部的内侧囊壁稍厚，并有很多消化腺，这些腺体能分泌出稍带黏性的消化液储存在囊底，这些消化液呈酸性，具有消化昆虫的能力。

此外，还有一种与猪笼草同样著名，也具有捕虫能力的植物——茅膏菜。茅膏菜也称石龙牙草，属茅膏菜科，为多年生的柔弱小型草本植物，高只有6～25厘米。叶片弯月形，横径约5毫米，基部呈凹状，边缘及叶面有多数腺毛，能够分泌黏液，当昆虫停落在叶面时，即会被黏液粘住，而腺毛又极敏感，有物触及，便会向内和向下运动，将昆虫紧压于叶面。当昆虫逐渐被腺毛分泌的蛋白质分解酶消化后，腺毛重新张开，再次分泌黏液，因此，人们常会在叶片上见到昆虫的躯壳。

另外，同属于茅膏菜科的捕蝇草也是一种著名的食虫植物，它们的叶柄扁平，有广翅，叶身圆形或肾形，两裂，除边缘有刚毛外，每一裂片上有3条十分敏感的刚毛，昆虫触动此毛，叶即闭合，继而叶面分泌消化液，将“猎物”消化、吸收。

龙文小百科　是动物还是植物？

↑茅膏菜分泌出的黏液呈露珠状，而且已经捕获了一只小昆虫。

捕虫植物的诱捕器设计是很巧妙的。达尔文和生理学家伯登·桑德森曾对茅膏菜的捕食过程进行了研究，达尔文观察到，茅膏菜叶部的刚毛受到刺激后，要间隔一段时间叶片才开始运动。因此他推测，一定有类似动物神经的电脉冲信号从刚毛传到诱捕器的运动细胞，从而产生运动。伯登·桑德森用电流计来进行测定，结果电流计指针显示出有一股微弱的电流。这实际上就是动作电位。动作电位以20毫米/秒的速度通过叶子，正是这种电信号调节了捕蝇草的捕食运动。研究者还发现，如果对刚毛的刺激强度不够，便不能产生动作电位，诱捕器也不发生运动。后来，美国科学家威廉斯和皮卡德发现，捕虫草的动作电位，产生于每根刚毛顶端基部或靠近基部的感觉细胞中发生的受体电位，而每一个受体电位都产生若干个动作电位，使刚毛不停地运动。这种结构已经具有了部分动物的特性。

唯一使得这些食虫植物保持着植物特性的是它们仍然能够进行光合作用，也就是说，这些植物的部分粮食是通过捕虫所得，部分则是通过光合作用所得。这种特点使科学家们更加肯定了动物和植物之间的微妙联系。

胎生植物

“胎生”似乎只存在于动物界中，要说植物也有胎生的，恐怕很多人都会大惑不解：植物不都是由受精卵开始，逐渐发育成种子，之后种子在土中逐渐长成成熟植株的吗？其实不然，植物界中也有胎生的种类。

图中细长如笔的就是红树胎苗的胚轴

↓生命力如此顽强的红树，花却如此的娇小可爱。

一些红树科植物（如红海榄、木榄、秋茄）的果实在离开母树前就从母株吸取养分，生长发育成绿色的棒状胚轴，并利用胚轴上的皮孔换气。这些植物幼株（我们通常称其为“胎苗”）胚轴的下端通常粗重而尖锐，呈笔状，利于胚轴成熟后从母体脱落，顺利插入母树周围的软泥中。如果胚轴能够顺利固着，则几小时后即长出侧根，将幼苗固定在滩涂上。这种繁殖方式无疑会使幼株的生存能力大大增加。既然这样的繁殖方式如此先进，那么，为什么苹果、梨等植物就没有进化出这么一种先进的“行为模式”呢？原来，这与红树的生活习性和生活环境密切相关。

↑顽强地扎根

红树科植物在全球共有 60 余个品种，如蜡烛果、秋茄树、木榄、海漆、榄李、海榄雌和银叶树等。红树便是其中的一种。

红树多为乔木或灌木，高 2~4 米，有支柱根。红树每年春、秋季开花，聚伞花序，两朵花并生于小枝上已落叶的叶腋位置。一棵红树花谢了以后，能结出 300 多个果实。果实细而长，长度一般在 20 厘米以上。每个果实中含有一粒种子。红树的种子为绿紫色，长 20~40 厘米。

红树的栖息地多数为极度缺氧的高盐度沼泽区。海滩上每天都涨潮和退潮，红树们几乎时时都要忍受着咸涩海水的冲击，因此红树植物的种子难以有稳定的萌发环境，又缺少种子发芽必需的氧气，因此只有进化出胎生繁殖能力的植株才有可能保证其在环境恶劣的海岸生存。有了这样的胎生繁殖方式，即使胎苗下坠时，正逢涨潮，马上被海水冲走了，它也不会夭亡。因为胎苗的体内含有空气，可以在海上长时间漂浮而不丧失生命力，有的甚至能在海上漂浮两三个月，一旦漂到海滩，当海水退去后，它们仍然会很快地扎下根来，成为开发新“领土”的勇士。

此外，红树庞大的支柱根也让红树在适应海滩生活方面表现出色。一条条支柱根从树枝上生出，直插入海滩的淤泥中，全力支撑着浓密的树冠，成为抵御风浪的稳固支架，它们裸露在空气中的部分则吸收着空气中的氧气和水分等，为植株提供宝贵的水分和养料。

←生命力如此顽强的红树

就是靠着这些特殊的本领，红树在海滩上顽强地生活着，涨潮时，红树的树干全被海水淹没，树冠在水面上荡漾；退潮后，一棵棵红树重又挺立在海滩上，形成了海滩上的奇特景观。它们聚成丛林，护堤、防风、防浪，保护着沿海农田不受海浪或大风的袭击，形成一道道坚不可摧的铜墙铁壁。而且它们那些纵横交错的支柱根，挡住了陆上冲来的泥土，加速了海滩淤泥的沉积，使海岸不断向大海延伸，所以红树林还是有名的造陆先锋呢！

龙文小百科 红树，红的树

红树中富含鞣酸（也称“单宁酸”），被砍伐后，鞣酸被氧化会呈现出红色，红树即因此而得名。红树具有很高的经济价值，人们可由它的根、皮中提取丰富的鞣质（也称“单宁”）。

聪明的植物会伪装——拟态植物

自然界中有种现象叫做“拟态”，“拟态”这个词并不难理解，就是指某些生物在其演化过程中，形成的外表形状或色泽斑纹与其他生物或非生物异常相似的形态，以躲避天敌。这种现象在昆虫中最为常见，比如：竹节虫因外形同植物的茎秆相似因而不会被捕虫的鸟类抓住吃掉；木叶蝶因外形像干枯的树叶而得以躲避天敌的捕捉；兰花螳螂与兰花的酷似更是令人难以分辨。

↑世界上最完美的“伪装”——(从左至右)竹节虫、兰花螳螂、木叶蝶

不过“拟态”并不是动物们的专利，在植物界中，也存在着这种神奇的“拟态”现象。

生石花

↑是石头还是花呢?

生石花是番杏科生石花属多年生的一种小型多肉草本植物。这种植物的茎很短，常常看不见。它的变态叶肉质肥厚，两片对生联结而成为倒圆锥体。3~4 年生的生石花秋季从对生叶的中间缝隙中会开出黄、白、红、粉、紫等色花朵，花多在下午开放，傍晚闭合，次日午后又开，单朵花可开 7~10 天。开花时花朵几乎将整个植株都盖住，非常娇小。生石花形如彩石，色彩丰富，娇小玲珑，享有“有生命的石头”的美称。

↓生石花的花相当娇小

生石花原生于山顶或平原的岩床裂隙或砾石土中。在干旱季节植株萎缩并埋覆于砾石沙土之中或仅露出植株顶面，光线仅从透光的顶面进入体内。当雨季来临，又快速恢复原来的株型并长大。因此若非是在雨季开花时，生长在砾石中的生石花是很难被发现的，这是它为了防止小动物掠食而形成的自我保护天性。

↑“吓人”的眼镜蛇瓶子草

眼镜蛇瓶子草

很多时候，一些“拟态”植物还能通过恐怖的外表来威胁对它“图谋不轨”的入侵者。在我国喜马拉雅山地区，有一种眼镜蛇瓶子草。它原产于北美洲，同猪笼草一样，是一种著名的捕虫植物。眼镜蛇瓶子草属瓶子草科，它的“长相”奇特，从根茎中长出由叶子衍化而成的瓶状器官，里面充满了消化液，瓶口还有倒长的毛或蜡质光滑的边缘，令误入的昆虫们根本无法逃出。

你看，眼镜蛇瓶子草的样子活像一条昂首吐舌的眼镜蛇！常使得一些小的草食动物望而生畏，不敢去吃它，可以算是绝妙的植物拟态现象了。

擅用“美人计”的兰科植物

“拟态”并非单纯地为了躲避敌害，有些植物甚至会通过对一些昆虫喜好的外形以及气味的模拟，来吸引这种昆虫替自己传粉，在这其中，最引人注目的当推某些兰科植物，如蝇兰、蜘蛛兰、蜂兰的唇瓣形状酷似雌的蝇、蜘蛛、蜂，以诱使雄体前来“交配”，从而将花粉传走。

兔耳兰是这其中的典型代表。兔耳兰的花朵娇小而艳丽，很像雌性角蜂的身躯——花瓣闪耀着金属般的光泽，宛如阳光下雌蜂的翅膀；花顶端的两片花瓣上各有一条深色的细纹，活像雌蜂头上的两只触角；它的表面有流苏状的红色绒毛，与雌蜂腹部的绒毛极为相似……春光明媚之际，摇晃的花朵酷似一只飞舞的雌蜂，引来无数的雄蜂求偶交配，此时，雄蜂才发现上当受骗，只好“郁闷”地另觅“佳偶”。此时，雄蜂的头上已沾满了角蜂眉兰的花粉，当它再次上当时，便在无意中充当了“媒婆”的角色，将花粉准确无误地传到了另一些角蜂眉兰的柱头上，这就是生物学上的食源性欺骗传粉。

多么奇妙的植物、奇妙的大自然啊！

←兔耳兰

瓶子树——是植物，也是水源

在雨林中生长着一类植物，它们或高或矮，但相同的是，它们的茎干都很粗，当你用刀子划破它们的树皮时，还会有水流出来。

瓶子树就是这样一种植物。瓶子树属木棉科，多生长在南美洲的巴西高原上，是一种植株高大、挺拔的树木，远远望去很像一只只巨型的瓶子插在地里。瓶子树两头尖细，中间膨大，最粗的地方直径可达5米，因此瓶子树也常被称作纺锤树。雨季时，它吸收大量水分，贮存起来，到旱季时来供应自己的消耗。这种树到了雨季，在高高的树顶上生出稀疏的枝条和心脏形的叶片，好像一个大萝卜。雨季一过，旱季来临，绿叶纷纷凋零，红花却纷纷开放，这时，一棵棵瓶子树又成了插有红花的特大花瓶。

↑一只歪倒的瓶子

瓶子树之所以长成这种奇特的模样，跟它生活的环境有关。巴西北部的亚马孙河流域炎热多雨，为热带雨林区；南部和东部，一年之中旱季较长，气候干旱，土壤非常干燥，为稀树草原带。瓶子树生活在热带雨林和稀树草原之间的地带（热带疏林），一年里既有雨季，也有旱季，但是雨季较短。在旱季里，瓶子树落叶或在雨季萌出稀少的新叶，都是为了减少体内水分的蒸发与损失。瓶子树的根系特别发达，在雨季来到以后，尽量地吸收水分，贮水备用。通常，一棵大瓶子树甚至可以贮2吨多水，犹如一个绿色的水塔。因此，它在漫长的旱季中也不会干枯而死。

↑瓶子树的叶和花

瓶子树和旅人蕉一样，可以为荒漠上的旅行者提供水源。人们只要在树上挖个小孔，清新解渴的“饮料”便可源源不断地流出来，解决在茫茫沙海中的缺水之急。

←瓶子树的果实

没有花香只有恶臭的花

鲜花的芬芳令人陶醉，但有些花盛开时却奇臭无比！

尸花——臭花翘楚

尸花的学名叫做泰坦魔芋花，属天南星科。它仅自然生长在印度尼西亚苏门答腊岛的热带丛林中。它像其他的魔芋一样，具有一年只长营养叶不开花，下一年只开花不长营养叶的特性。开花时，一个巨大的花序直接由地下块茎上长出，在短粗的花序柄上，合抱着肉穗花序的绿色佛焰苞从顶部逐渐打开，露出紫红色的内壁。位于佛焰苞中央的肉穗花序顶部，一根长长的肉黄色棒状附属器高高耸立，通常可达 2 米以上。如此大的花序堪称植物界之最。也正由于此，西方植物学家们将神话中的巨人之名——泰坦赋予了它。但这有着神之名的植物每当盛放时，却都会散发出浓烈的腐尸一样的臭气，它也因此而得了“尸花”的诨名。原来，尸花的花序虽大，花却很小，且是单性花，雌花着生在花序轴的最下部，雄花则分布在雌花的上部，互相之间泾渭分明，是靠一种喜食腐烂动物尸体的大型甲虫来完成传粉的。尸花所发出的浓烈臭气，便是给那些甲虫们的信号了。

←被绿色的佛焰苞包裹着的花序

↑散发着臭气盛放的尸花

↓花大若盆的大王花

又臭又“懒”的大王花

大王花生长在马来西亚、印度尼西亚的爪哇和苏门答腊等热带森林中，是世界上最大的花。其直径可达 1.5 米，花瓣 5 枚，厚可达 1.4 厘米左右，重可达 20 千克，花中心可装水超过 5 千克，甚至可以供一个人藏匿其中。开花时，大王花会散发出如粪便般浓烈的臭气，以吸引苍蝇等为它授粉。

大王花没有叶子和茎，靠吸取其他植物的营养生活，因此从一粒小种子到一朵大花，它只需要几天的时间；大王花一生只开一次花，其花虽大，但种子很小，用肉眼几乎难以看清，且有黏性，当大象或其他动物踩上它时，就会被带到别的地方生根、发芽，进行繁殖，而少了“奔波”之苦。

剧毒植物

提起剧毒植物，可能不少人首先会想到森林里那些花花绿绿的漂亮毒蘑菇。虽然每年食物中毒的人中60%以上是因为误食毒蘑菇引起的，但蘑菇本身是一种真菌，不是植物。在植物世界中有无数种毒物，这许多“毒物”中有不少是比毒蘑菇更毒的品种。

↑剧毒，请勿靠近！

箭毒树

走进西双版纳的热带雨林时，必须十分小心谨慎，因为你一不留意，就可能撞上全世界最毒的植物——箭毒树。箭毒树的乳白色汁液含有剧毒，一旦接触人畜伤口，即可使中毒者心脏麻痹、血管封闭、血液凝固，以至窒息死亡，所以人们又称它为“见血封喉”。对此，西双版纳民间有一说法，叫做“七上八下九倒地”：如果谁中了箭毒树的毒，那么往高处只能走七步，往低处只能走八步，但无论如何，走到第九步，都会倒地毙命。说起来真是令人心生恐惧，谈树色变。

↑有着巨大板状根的箭毒树

过去，箭毒树的汁液常常被用于战争或狩猎。人们把这种毒汁掺上其他配料熬成浓稠的毒液，涂在箭头上，野兽一旦被射中出血，就会立即倒地而死；在那时的战场上用此对付敌人就易如反掌了。

箭毒树为桑科见血封喉属植物，植株为落叶乔木，有板状根，树高可达30米，具乳白色树液，树皮灰色，表面具泡沫状凸起；叶背和小枝常有毛，边缘有时有锯齿状裂片；花单性，雌雄异株；梨形果肉质，紫黑色，味极苦。箭毒树树干中的汁液有剧毒。树液由伤口进入体内引起中毒，主要症状有肌肉松弛、心跳减缓，最后心跳停止而死亡。动物中毒症状与人相似，中毒后20分钟至两小时内死亡。

↑箭毒树的叶和未成熟的果实

↑毒性如此之烈的断肠草，长相竟是如此柔美。

断肠草

断肠草似乎生来就颇受武侠小说的欢迎。不止一位武侠小说名家将这种毒草作为当世数一数二的厉害玩意儿拿来折腾书中的男女主角。细细想来，它的名字的确是够狠辣——进肚烂穿肠，使人不寒而栗。

其实断肠草不过是这种植物的“诨名”而已。它的学名叫做“钩吻”。钩吻为马钱科钩吻属植物，植株为常绿缠绕灌木，枝十分光滑；叶对生，卵形至卵状披针形，顶端渐尖，基部渐狭或近圆形；花为聚伞花序顶生或腋生，淡黄色，花冠漏斗状，内有淡红色斑点；蒴果卵形。

钩吻的全株都有剧毒，根、嫩叶尤毒，中毒后的主要症状有眩晕、昏迷、恶心、呕吐、腹痛、体温及血压下降、面色苍白，最终呼吸麻痹而死。在我国历代本草中均列为毒草，一般不作药用。钩吻对神经系统的作用很强，据说神农氏遍尝百草时，就是品到了断肠草而中毒身亡。不过，那显然是不明就里的后来人引用此种植物时望文生义罢了。

这些千奇百怪的植物大多生活在世界上一些人迹罕至的角落，生存环境大多比较原始，没有受到太多人类的干扰，它们奇异的生活习性是在与周围环境进行了千万年的相互作用之后慢慢形成的，堪称是与自然契合得最完美的生物了。